王敏 编著

摆脱不安
告别过度依赖

中国纺织出版社有限公司

内 容 提 要

本书针对生活中人们的过度依赖行为而写，旨在帮助读者解析内心不安的根源，并提供全面分析和建议，帮助他们走出依赖心理的困扰。本书结合丰富的案例，探讨了控制自我、减轻焦虑、独立自主等关键主题，引导读者迈出摆脱不安的第一步。

通过本书的引导和建议，读者将学会摆脱过度依赖的心理枷锁，获得内在的平静和自信，在日常生活中更加独立、坚强和享受当下。这本书不仅是一本解决问题的指南，更是一份关于心灵成长和自我提升的治愈读物，将带给读者从容和快乐。

图书在版编目（CIP）数据

摆脱不安：告别过度依赖 / 王敏编著. -- 北京：中国纺织出版社有限公司，2024.5
ISBN 978-7-5229-1641-5

Ⅰ．①摆… Ⅱ．①王… Ⅲ．①心理学—通俗读物 Ⅳ．①B84-49

中国国家版本馆CIP数据核字（2024）第070115号

责任编辑：林 启　　责任校对：王蕙莹　　责任印制：储志伟

中国纺织出版社有限公司出版发行
地址：北京市朝阳区百子湾东里A407号楼　邮政编码：100124
销售电话：010—67004422　传真：010—87155801
http://www.c-textilep.com
中国纺织出版社天猫旗舰店
官方微博 http://weibo.com/2119887771
天津千鹤文化传播有限公司印刷　各地新华书店经销
2024年5月第1版第1次印刷
开本：880×1230　1/32　印张：7
字数：123千字　定价：49.80元

凡购本书，如有缺页、倒页、脱页，由本社图书营销中心调换

前言
PREFACE

生活中，我们发现一些人有这样的一些过度依赖行为：

他们虽然已经成年，但是还是不愿意和母亲分开，总是觉得待在母亲身边才会感到心安；他们不相信自己、总害怕自己的决定是错误的，因此习惯跟随他人的脚步；他们无法平静地面对周遭的人和事，总是殚精竭虑、焦躁不安；他们总是马不停蹄地努力赚钱，对钱有着近乎疯狂的渴望；还有一些人，他们一旦陷入恋爱，就恨不得24小时和恋人待在一起，一旦分开，就焦躁不安……

心理学家指出，人们某些过度依赖行为的根源在于他们内心的不安，也就是缺乏安全感。那么，什么是安全感呢？安全感属于个人内在精神需求，是对可能出现的身体或心理的危险或风险的预感，以及个体在处事时的有力感，主要表现为确定感和可控感。

可见，对于这些人来说，要告别过度依赖行为，必须主动摆脱不安，才能拥有一颗安宁、豁达、宽容、积极的心。的确，内心安全感十足的人，往往有强大的心灵，他们总是敢于走自己的路，听从内心的声音、坚持自己的信念、注重心灵的充盈，他们勇往直前，从不畏惧，而正是这样专注的精神，让他们免于忧虑，从而触摸和感受到了真正的幸福。

安全感无法从任何人那里获得，除了我们自己，我们是

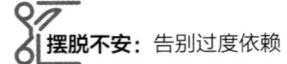

自己幸福的决定者。现代社会中的每个人，都要努力寻找让自己内心安宁的方法，它能让我们远离浮躁、遏制欲望、豁达为人、抵制诱惑、戒掉抱怨、笑对逆境，能让我们的心在烦琐的生活之外找到一个依托，能让我们更好地工作，更好地生活，更好地提高自己、修炼自己。

然而，我们都是世俗中的人，要做到这点并不容易，生活太琐碎、工作太忙碌、人际交往太复杂，太多的抗争因素，使得我们的心变得焦躁不安。人们也在努力尝试各种方法，然而，我们需要的并不是那些技巧，而只需要以一个局外人的身份、以一种不带任何偏见的眼光审视自己，这就是获得安全感的全部秘密。

要想做到这点，你还需要一位心灵导师来引导你抛开世俗的烦恼，帮你发现并接受最本真的自我。而本书就是这样一位导师，随着阅读，你会逐步找到自己在尘世中的坐标，让自己的心有个归宿。

本书针对生活中的人们的每一个过度依赖行为进行全方位的分析和建议，帮助人们找到内心不安的因素，并帮助人们化解它，对自己形成更加清晰、准确的认识。阅读完本书后，相信你会有所收获，也能清除掉那些干扰你心灵的污垢，无论外在世界发生了什么，你都能以一颗淡然的心来面对，都能做到自在心安、从容快乐。

编著者
2023年12月

第一章

学会放松：摆脱心灵的压力才能让内心充满安全感

无法延伸生命的长度，不如拓展其宽度 / 002

什么是时间焦虑症 / 006

如何合理应对人生的"三座大山" / 009

既然错了，就要永远负责 / 013

摆脱对金钱的依赖，也就摆脱了对生命的桎梏 / 016

功名利禄皆身外之物，别让它们成为心中的累赘 / 020

第二章

淡定从容：摆脱不安，要从控制自我开始

平衡你的多重角色，奏响和谐生活的乐章 / 026

温柔对待生命中的种种不安因素 / 029

每天清晨都要对镜子里的自己笑一笑 / 032

头脑清醒，方能有效控制焦虑 / 035

从容生活，化解焦虑 / 038

选择你的态度，态度决定命运 / 041

第三章

洞悉内心：你的过度依赖行为，源于内心的不安

从容是焦虑的克星 / 046

你是个易焦虑不安的人吗 / 049

做个受欢迎的人，淡化你内心的不安 / 052

化压力为动力，化不安为坦然 / 055

人生起起伏伏，你需要顺势而为 / 059

总是焦躁不安，人生哪有快乐可言 / 062

第四章

良性互动：绝不因内心不安而纠缠朋友

大胆走出去，克服社交恐惧症 / 066

良性互动，让交流变得轻松愉悦 / 069

换了新角色，如何在最短的时间内适应 / 072

如何沟通才能实现积极效果 / 075

你不知道的是，害羞有时候一点儿也不可爱 / 078

一呼百应是出色领导者的特质 / 081

合理的人际距离应该如何把握 / 085

第五章

关注工作：职场焦虑源于对升职加薪的较真

　　工作中，不要只关注薪资 / 090

　　你不在乎是否晋升，反而获得了上司的垂青 / 093

　　眼界高远，往往能消除不安 / 096

　　职场中的"试用期"，如何坦然度过 / 099

　　你为什么是团队中那个惴惴不安的人 / 102

　　大胆去做，错了也好过无所作为 / 104

　　克服选择恐惧症，才能找到你的职场位置 / 107

第六章

管理情绪：别让糟糕的心情给你带来焦虑

　　学会慢生活，学会回归生命的本质 / 112

　　厘清思绪，让焦躁的心情回归宁静 / 115

　　合理的发泄方式，能缓解内心不安 / 119

　　必要时，你不妨求助于心理医生 / 122

　　什么是"焦虑心理摆"效应 / 125

　　遵守交通规则，别因焦躁闯红灯 / 128

第七章
解绑身心：欲望小了，不安也就少了

你可以努力工作，但别忘记享受生活 / 134

你的贪婪，终将成为你的枷锁 / 137

适度执着，人生不是非成功不可 / 140

崇尚简单，生活不过一日三餐 / 143

你可以有所追求，但不能贪婪无度 / 146

第八章
克服依赖：独立才能享受爱情，绝不做攀援的凌霄花

爱与不爱，不过一念之间 / 152

既然爱了，就要坚定不移 / 155

婚姻中最要不得斤斤计较 / 158

爱情如流沙，握不住不如扬了它 / 161

信任，是爱情永远的基础 / 165

爱情中的缘分，永远眷顾那些行动派 / 169

第九章
悦纳自我：远离焦虑不安，享受当下的美好

过度思考，只能让你殚精竭虑 / 174

摆脱了不安，就能从容应对失败或成功 / 177
换个角度看问题，缺点也是优点 / 180
你可以未雨绸缪，但不能杞人忧天 / 183
对抗与不承认，不过是自欺欺人 / 186
接受缺憾，人生没有完美 / 189

第十章
你为什么总是焦虑不安：没有勇气？缺乏信心？

人生，失去什么都不能失去希望 / 194
只要你不畏惧，现实就并不可怕 / 196
找到你内心恐惧的根源 / 199
战胜自我，才能彻底摆脱不安 / 202
真正的智者，善于忘却 / 204
勇敢向前，才能将困难踩在脚下 / 208
畏首畏尾，你只会一事无成 / 211

参考文献 / 214

第一章

学会放松：摆脱心灵的压力才能让内心充满安全感

在生活中，人们常常会因为各种各样的大事小情而感到焦虑，其中不乏那些根本不值一提的、不起眼的小事。被焦虑困扰的人生，无疑是痛苦的。如何才能减轻焦虑呢？首先，我们应该学会放松身心，减轻生活的压力。唯有更坦然地应对命运赐予的一切，我们才能冲破焦虑，畅享人生。

无法延伸生命的长度，不如拓展其宽度

每个人都是生命的过客，是茫茫宇宙中的沧海一粟。从呱呱坠地开始，每个人就都行走在通往黄泉的路上，没有人知道自己的生命会延续到哪一个时刻，也没有人知道自己的未来会怎样。为此，有的人觉得焦虑沮丧，恨不得把每一天都当成生命的最后一天来过，是典型的悲观主义者。有的人则想得很明白：既然我们无法把握生命的长度，那么我们就要尽力把握生命的宽度。这样一来，我们的人生会因为充实而变得有意义，哪怕生命逝去之后，我们来过的印迹也不会那么轻易地消散于人世间。

在现代社会，人们的生活节奏越来越快，工作压力越来越大。很多职场人士都没有足够自由的时间可供支配，他们不是觉得时间匆匆，就是觉得自己分身乏术，因而越来越多的人患上了"时间焦虑症"，变得无比焦虑。实际上，忙碌的生活不一定就是有意义的，悠闲的生活也不一定就是没有意义的。任何时候，我们都要选择最适合自己的生活方式，遵循自己的内心，这样才能获得真正的幸福和安宁。尽管每个人都受到外界事物的影响，但是我们如果能够合理安排时间，尽量在有限

的时间里做有意义的事情，那么我们的生命就是充实度过的。和那些无所事事，或者把宝贵的生命浪费在无关事情上的人相比，这样的生命更值得敬佩。

举个最简单的例子，有些工作狂人每时每刻心里都在想着工作，明明已经加班到很晚才回到家里，却依然电话不断，眼睛盯着电脑，虽然人在家里，心却在工作上。如此一来，看似他花了时间陪伴家人，实际上心不在焉。这样的时间利用率，不得不说很低。与他们恰恰相反，有些人虽然也非常看重工作，但是他们总是能够拎得清工作和家庭的关系。在工作时间内，他们全神贯注地工作，从来不会三心二意，因而工作的效率很高，成果也很显著。但是一旦到了下班时间，他们就不再理会工作上的事情，而马上像是变了一个人似的全心全意地投入家庭生活。这样，他们看起来花了很短的时间用于工作，但是效率更高，成绩更显著，而且也能够让家人感到满意和幸福。不得不说，第二种生活和工作方式是更让人钦佩的。这就是拓宽生命宽度的方式之一。只要采取合适的方式，我们就能在相同的时间里，活出更多的精彩，拥有和享受更多的快乐。

一直以来，马丁都在忙于工作，而且自我标榜称这是为了让家人享受更好的生活。从大学毕业后，他就拼命工作，常常废寝忘食，甚至为了工作通宵加班。然而，妻子对他的意见越来越大，尤其是在有了孩子之后，妻子独自抚养孩子长大，经常累得要抓狂。每当妻子牢骚不断时，马丁总是说："忍一忍吧，我也很辛苦啊。如果不是为了你和孩子，我怎么会这样拼命呢！我也很累呀！"每次听到马丁这么说，妻子总是委屈得掉眼泪，却不愿意再说什么。

终于有一天，妻子带着年幼的孩子不辞而别，只留下了一封信在家里。在信里，妻子说："我感到很迷惘，不知道这样的生活有什么意义。这段时间，咱们都先冷静冷静，然后找到最终的出路吧，否则，我一定会疯的。"马丁不以为然，心想：回娘家去住些日子也好，这样我也能心无旁骛地工作。因而，在妻子回娘家之后，马丁更加拼命地投入工作，却不想妻子突然在几天之后发来信息：我们离婚吧。马丁如同遭遇晴天霹雳，彻底呆住了。他想不明白，如此幸福美满的家庭，妻子为什么要放弃。伤心之余，马丁继续用工作来麻痹自己，在连续加班几个通宵之后，他突然陷入昏迷，被送入医院抢救。原来，马丁是因为过度疲劳而突发脑溢血，从此之后，他也许会一辈子瘫在床上，也许能够侥幸恢复行动能力。清醒之后的马丁听说这个消息，脑海中的第一反应就是：我还没有带妻子和孩子去旅游过呢！看着闻讯赶来的妻子，马丁愧疚地说："对不起，原来很多事情都等不起。如果我从此瘫痪了，我们就离婚吧。然后，你找一个爱你的男人，让他带着你四处走走看看。"妻子泪如雨下，说："为什么，为什么会这样？"

幸好，马丁还算年轻，身体基础也不错，再加上他顽强的信念，最终在几个月以后开始下床练习行走。妻子日日夜夜守护着他、陪伴着他，也给了他莫大的信心和力量。经过几个月的卧床，他意识到自己曾经的错误，因而懊悔地对妻子说："我知道错了，以后我会以家庭为重，以你和孩子为重。我不会再不顾一切地拼命工作了，如果没有健康的身体，即使赚再多的钱也是毫无意义的。"妻子听后热泪盈眶。

即使我们废寝忘食地工作，工作也是干不完的。如果是为了满足自身的欲望，这些欲望则会剥夺我们生存的乐趣，让我们变得无比脆弱。任何时候，我们都要学会合理安排自己的人生，因为只有更好地规划人生，我们的人生才会变得充实而有意义，才会变得更加精彩。

人常常是贪婪的，然而，我们不管多么努力，都不可能实现自己所有的欲望。因而我们必须努力控制欲望，成为欲望的主人，而不要被欲望驱使着仓促生活，最终一事无成。实际上，生命中并没有太多的事情是非做不可的，只要分清事情的轻重缓急，并对其进行合理规划，我们就能把生活安排得悠然自得，把日子过得有滋有味。

▶ 心理小贴士

要想摆脱时间焦虑症，合理规划人生，最重要的一点就是不要盲目地与他人攀比，更不要不顾一切地跟风。在很多情况下，我们都不知道自己最想要的生活是怎样的，其实，想明白这个问题是我们合理规划人生和安排生活的先决条件。

什么是时间焦虑症

小时候，你是否经常做一个梦，尤其是在考试前夕？那就是明明还有几分钟上课铃就要响了，你心急如焚地往学校跑去，却怎么也无法顺利到达学校。这是为什么呢？虽然小时候我们并不知道其中的原因，但是长大之后，当你梦见自己坐着呼啸的地铁却怎么也无法到达目的地时，就知道自己患了时间焦虑症。所谓时间焦虑症，就是觉得因为时间不够用而产生的焦虑和紧张情绪。

尤其是职场人士，他们的时间焦虑症可能更加严重。如今很多单位都要求上下班打卡，即使只晚一秒钟，电子指纹识别器也是无法容情的，因而会毫不客气地给你记上一次迟到。还有的时候，因为工作任务重、时间紧，你恨不得把一小时当成两小时用，却依然被紧张的工作压得喘不过气来。随着生活节奏的加快和工作压力的增大，越来越多的现代职场人士得了时间焦虑症。他们总是不停地看手机、看手表，以此来争分夺秒地完成工作、经营生活。特别是在遭遇大堵车的时候，他们恨不得从公交车或者私家车中夺门而出，一路跑步前行。如此密切地关注时间，每当看到时间悄悄飞逝，人们就会情不自禁地陷入焦虑之中。严重的时间焦虑症，还会导致人们心跳加速、血压升高，甚至呼吸急促。打个比方，如果人长期在时间焦虑症的压迫下生活，总有一天会因为过度焦虑而精神崩溃，身体也会每况愈下。由此可见，虽然时间焦虑症并非真正的身体或精神的疾病，但是一旦拖延，就会导致严重的后果。因而，我们必须多多了解时间焦虑症，从而做到对症下药，更好地调节自己的生活和工作，调整心情。

作为一名时间焦虑症患者，巧丽简直是个工作狂、生活狂，总而言之，她每天都在抓狂之中。早晨，她听到闹铃声响起，就急匆匆地洗漱，然后抓起一个面包，边吃边下楼；乘坐上地铁之后，又做好冲刺的动作准备换乘；明明时间还很充裕，她也从不会在单位楼下喝杯咖啡，而是一刻也不停地冲刺到电梯前。工作上就更不用说了，巧丽总是风风火火的，片刻也不停歇。很多同事都觉得她像一个陀螺，而且是永恒动力的。巧丽对此总是笑笑："既然来到单位，当然要分分秒秒都不浪费呀！"在巧丽的带动下，办公室里的其他同事似乎也不敢懈怠，否则就会产生罪恶感。为此，上司总是表扬巧丽，说她是"尖兵"。

每到周末，其他人都会尽量放松和休闲，巧丽却比平日起得更早。她不是去上课参加函授学习，就是处理工作，总而言之，她从来没有花费过任何时间看电影、散步或者去郊外远足。没错，巧丽就是觉得看电影、散步、旅游都是在浪费时间。即使偶尔生病，只要能睁开眼睛，巧丽就总是对着笔记本电脑。如此10年过去了，巧丽已经30多岁了，却还没有男朋友，也从未正式开展过一段恋情。后来，大家都为她的个人事情着急，她却不急不躁地说："急什么呢，工作要紧，青春时光转瞬即逝啊！"一个偶然的机会，巧丽与一位心理咨询师攀谈，才知道自己患上了时间焦虑症。心理咨询师告诉她，人生不仅仅是忙碌，也应该有自己的闲暇时间。如果一味地奔波忙碌，生活也就失去了乐趣。在心理咨询师的建议下，巧丽才开始试着放松下来，放慢节奏，给自己更多的时间享受生活。最后，她交了男朋友，生活也渐渐丰富多彩起来。

如果巧丽一直这么奔波忙碌下去，等到青春逝去也从未享受过爱情的滋味，更没有静下心来好好体会和感受生活，不得不说是人生的遗憾。大多数时间焦虑症患者，总是行色匆匆，每时每刻都觉得时间不够用。他们不但吃饭狼吞虎咽，而且不喜欢安静地待着。对于工作狂而言，似乎必须每时每刻都投身于工作，才算不虚度生命。当人生只剩下忙碌，当我们忙碌到甚至没有时间仔细享受生活，我们活着还有什么意义呢！其实，在生活中偶尔给自己放个假，放飞心情，反而更能够让我们在充分休息之后以更好的状态投入工作。如此一来，就是磨刀不误砍柴工。一个人如果不能合理协调生活和工作的关系，很容易就会陷入苦恼和烦闷之中，甚至对生活失去兴趣。

▶ 心理小贴士

患了时间焦虑症的人，就像是被时间绑架了，被时间裹挟着一刻也不停歇地往前走。然而，大多数时间焦虑症患者都是在为外物忙碌，很少会静下心来想一想自己该何去何从。当他们真正开始反思自身，就会觉得无比空虚。其实，任何事情都是有轻重缓急的，我们只有合理安排自己的时间，调节好生活与工作的关系，才能真正创造出属于自己的人生天地。

如何合理应对人生的"三座大山"

在大城市生活的人，如果树立了买房子的目标则几乎需要一生为之奋斗。至于车子，也许有人会说不是必需品，然而当你每天都要来回坐四小时的公交或地铁去上班时，你就知道车子也是非买不可的。孩子呢，当然要生啦。大多数中国人还是很传统的，一则受到传宗接代思想的影响，二则如果夫妻结婚没有孩子，似乎爱情就没有结晶。正是在这两种观念的影响下，孩子几乎成了每个家庭必需的开心果和关系黏合剂。然而，当房子、车子和孩子齐备的时候，人们并没有奔向幸福，反而感到压力太大。大城市的房子动辄几百万，除非有个富裕的老爹老妈可以"啃"，否则年轻人想要攒够首付都需要漫长的时间，更别说买房之后高昂的月供了。车子呢，不但每年要交保险，而且每天只要一发动就要喝汽油，这汽油的花销也是不容小觑的。至于孩子，就更不用说了。从备孕开始，就要进行各种检查，还要给妈妈增加营养，到了孩子呱呱坠地之后，更是天天都离不开钱。纸尿裤也要好几块钱一个，一天用十来个；奶粉也要几百块一罐，一个月喝好几罐；一个简单的小玩具就要上百块，孩子很可能只玩几天，甚至几小时，就不再感兴趣了。有的时候，孩子还会闹个毛病，去趟医院又是好几百，输几天液就要上千块。更别说到了该上幼儿园的年龄，如果想上私立，那么一个月的学费比大学一个学期的学费还要贵，难怪商家们都蜂拥而至地进入早期教育领域呢，实在是因为家长爱子心切，愿意为孩子花钱。经受过这"三座大山"的人们，一提起这"三座大山"，简直是有说不完的话啊。然而，这"三座大山"并非是完全让人痛苦的，实际上也是甜蜜的负担。对于没有房子的人而言，还月供是多么幸福的事情啊；对于没有车子的人而言，给车加油保养，是多么洋气的事情啊；对于没有孩子的人而言，有家有孩子是多么幸运啊！因此，我们应该合理安排这三项大的开支，这样才能让生活不局促。

　　总有些人做事不自量力，明明经济条件不够，却偏要买超级大的房子，为了还月供不得不勒紧裤腰带，不敢进行很多必要消费，导致生活没有乐趣可言，渐渐觉得生活枯燥乏味；有些人买车子明明是代步，却偏要攀比，最终超出自己的支付能力，打肿脸充胖子。至于养孩子，弹性就更大了。有的孩子一个月花销几万，有的孩子一个月花销几千，要是在农村，一个孩子一个月有几百块钱就能生活得很好。因此，如果你觉得经济紧张，就要正确定位养育孩子的标准，也要根据自己的实际

第一章　学会放松：摆脱心灵的压力才能让内心充满安全感

条件选择合适的房子和车子。如果你给自己背上太重的负担，却挣得没有花得多，最终会导致经济崩溃，精神也会随之崩溃。由此可见，凡事适合自己才是最好的。

作为独生子女，苗迪不管做什么事情，都想做到最好。最近，她发现自己怀孕了，简直高兴极了。她迫不及待地去商场里，为即将到来的小宝宝买衣服、鞋袜，这才发现婴儿用品原来那么贵！一双小鞋子，要三百多块钱，可能也就穿几个月。一张婴儿床，居然要好几千，好的要上万。几天的时间，苗迪就把老公的信用卡刷爆了。

随着孕周越来越长，小宝宝到来的日子也越来越近，苗迪准备去医院和月子会所预约。她看了好几家私立医院和月子会所，生产和坐月子的费用加起来都要十几万。看到这个数字，一直隐忍的老公爆发了，说："生个孩子就要十几万，那我们还不养孩子了？"苗迪对老公说："老公，我一辈子就只生一个孩子啊。"老公不以为然地说："那也不能这样啊，孩子生出来还要吃还要喝呢，难道生完了就不用再花钱了？"苗迪有些生气，说："你到底舍不舍得给我花钱？"老公看到苗迪生气了，马上换了语气，好言相劝道："我不是舍不得给你花钱，问题是咱们一共就只有七八万块钱。花完了，怎么办？而且，咱大姑不是在省人民医院妇产科嘛，多好的条件，公立大医院，不比去私立会所好吗？咱们把这钱省下来，给孩子买奶粉多好。而且我妈和你妈都生过孩子，完全能伺候你坐月子呀！"好说歹说，苗迪终于同意不去私立医院生孩子，也不去月子会所坐月子。幸好，他们做出了这样的决定。因为孩子刚刚出生，就有黄疸肝炎，还住了十几天保温箱呢！他们的七八万块钱，很快就花光了。经过这次突如其来的意外，苗迪也意识到有些积蓄很重要，因而在给孩子买东西时也不是越贵越好了。生活，把她教成了一个懂得勤俭持家的好妈妈。

在这个事例中，苗迪原本想在私立医院生产，再去私立会所坐月子。如此一来，自然非常享受，但是经济明显吃紧。为此，老公极力反对，最终让苗迪恢复理智，不再这么铺张浪费。也因为孩子出生之后得了黄疸肝炎，苗迪经历了为治病花钱如流水的日子，因此，不敢再那么浪费了。

每个人都有属于自己的生活方式，我们无须羡慕他人的奢华，想想那些明星，结个婚生个孩子，动辄成百上千万，我们普通老百姓怎么比得起呢。与其如此，不如不比，坦然安排好自己的生活就好。关于人生中的"三座大山"，只要合理安排，适度消费，就能成为生活的甜蜜负担。毕竟，居有定所，出行有车，还有孩子陪伴身侧，不是每个人都能享受到这种幸福。就让我们珍惜现在的生活吧，只有从内心攻破压力的围城，我们才能更加幸福快乐。

▶ 心理小贴士

每个人小时候依靠父母供养，一旦长大成人步入社会，就要自己养活自己。而当成家立业之后，肩负的担子也会越来越重，因而就要学会合理规划，适度消费。实际上，很多人之所以陷入消费危机，就是因为他们自己不懂合理规划和适度消费。如果我们不管做什么事情都能从自身实际情况出发，不盲目与人攀比，我们的生活就会变得更加从容。

既然错了，就要永远负责

人不是神，不可能面面俱到。人成长的过程就是不断犯错的过程，人生也是在不断纠正错误的过程中渐渐成熟的。虽然每个人都知道宽容是人最美好的品质，宽容别人就是宽容自己，宽容是以博大的胸怀对待他人，宽容是人世间最美丽的花朵；但是，依然有很多人不能宽容别人，或者即使宽容了别人，却无法宽容自己。也许有人会说，这是严于律己，宽以待人。的确，我们应该以这样的态度生活，但是我们又不能完全迷信这样的态度。当你一味地对自己严苛，永远不原谅自己所犯的错误，哪怕你的错误完全是出于无心，你却依然耿耿于怀，那么你就会陷入自己的囚牢，无法自拔。

宽容别人固然重要，宽容自己也是很重要的。你如果始终沉浸在懊悔和痛恨中，那么你的一生都会因此而变得暗淡无光。所以，要想拥有更美好的人生和更精彩的未来，我们就要

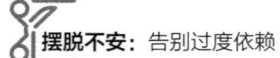

学会宽容自己,也要学会为自己的错误负责。任何错误,不管是有心还是无心的,我们都要勇敢地承担后果。归根结底,人非圣贤,孰能无过?

大学毕业后,秋秋顺利地通过面试进入一家公司工作,她非常珍惜这个机会。因此,在工作中不管遇到什么困难,她都想方设法地克服,甚至还主动加班加点,最终在一个多月的时间后,获得了领导的好评。为此,秋秋更加干劲儿十足,想要一鼓作气,做出点儿样子来。

转眼之间,秋秋来到公司已经半年多了。有一次,领导特意指名让她负责一个策划案。秋秋兴奋极了,因为这个策划案是与一个大客户对接的,由此不但可以看出领导对她能力的肯定,也可以看出领导对她的认可和栽培。为此,秋秋整整一个星期都在加班,力求把策划案做得更加完美。然而,就在客户要来验收策划案的前一天,秋秋因为吃坏了肚子,一个晚上都在不停地跑厕所,又因为睡眠不足和严重脱水,她第二天看起来十分憔悴。原本,领导看出她的异样,想让她委托其他同事与客户对接,但是秋秋却不愿意放弃这个机会,因此状态不佳地上场了。面对着会议室里的客户团队和本公司的几位领导,她极度紧张,甚至有些眩晕。因为心神混乱,她不但带错了资料,还在讲解的时候漏洞百出,最终导致事情被搞得一团糟……结果可想而知。

秋秋精心准备这么久的精彩亮相泡汤了,秋秋万分沮丧。

第一章　学会放松：摆脱心灵的压力才能让内心充满安全感

她失去了千载难逢的好机会，让领导对她的工作能力产生了怀疑，也不再像以前那样信任她了。每次这样想，秋秋就觉得犹如万箭穿心，痛苦不已。她始终沉浸在懊悔之中，甚至影响了其后的工作。在接下来的一周里，她又接连几次在工作上出现失误。她甚至以绝食来惩罚自己，还与朋友去酒吧一醉方休，结果整个人的状态更加糟糕。最终，领导找她谈话，并且给她下了最后通牒：如果不能及时调整状态，就只能先辞职，等休整好了再重新入职。领导的话如同晴天霹雳，让秋秋蒙了。最终，她无奈地递交了辞呈。

对于职场新人来说，有谁不曾在工作上犯过错误呢？偏偏秋秋迈不过这个坎儿，总是陷入失误的负面影响而难以自拔，最终导致工作上频繁出错，后果更加严重。如果秋秋能够坚强一些，学会为自己的错误善后，那么她就能够意识到犯错没那么可怕，最重要的是从错误中吸取经验和教训，未来不再犯同样的错误。如此一来，秋秋一定能够凭借更加出色的表现再次获得领导的赏识。因为一味地沉浸在对错误的懊悔之中，她昏头涨脑，最终失去了工作，一切只能回到最初的原点。

对自己不宽容的人，最终肯定会作茧自缚。当我们学会宽容他人时，也要学会宽容自己，尤其是当很多错误并非出于本意时，只要尽力了，我们就应该给自己一个肯定。没有谁的人生是一帆风顺的，我们唯有以正确的心态对待这一切，才能让自己轻松地面对生活，宽容地接纳生活。

▶ **心理小贴士**

在唐山大地震和汶川大地震中，有很多人在经历了死里逃生、失去亲人、家园毁灭的打击后，心理出现了问题。他们一味地沉浸在悲痛之中无法自拔，导致未来的生活也不能开展。因此，国家组织了很多心理专家赶赴灾区为他们进行心理疏导，这是比灾后重建更加迫切的重任。很多损失，并非我们所能左右的。换言之，为人处世，只要尽力了，也就问心无愧。我们必须学会宽慰自己，才能坦然地面对人生的坎坷挫折。

摆脱对金钱的依赖，也就摆脱了对生命的桎梏

俗话说得好：钱不是万能的，没有钱是万万不能的。由此可见，在物质丰富的现代社会，在欲望水涨船高的人心之中，金钱占据着多么重要的地位。现代人，有几个不为金钱而苦恼呢？每个月挣两三千块钱，还要租房和养活自己的人为钱苦恼；每个月挣两三万块钱，还要还月供和养活孩子的人为钱苦恼；每个月挣几十万的人，甚至大老板大富豪，也依然为钱苦恼。走在大街上随便拉住一个人问他缺不缺钱，他一定会毫不犹豫地点点头。为何人们对于金钱的欲望就像一个无底洞呢？不管挣多少钱，都无法获得满足感，也无法让自己对于生活的

奢望都一一实现。这就是人们贪婪的本性。既然认识到这一点，我们就应该想明白：过于依赖金钱，是对人生的桎梏。我们只有合理规划金钱，才能更好地安排生活，也只有摆脱金钱对人生的桎梏，才能享受自由自在的快乐。

被金钱奴役的人，就像是有一条隐形的锁链套在他的脖颈上，使他时时刻刻都无法喘息。既然没有人愿意窒息，那么就不要被金钱扼紧命运的咽喉。想想我们的父亲母亲和爷爷奶奶吧，他们以前每个月也许只能收入几块钱，但是他们照样活得很快乐。我们呢？动辄几千过万的月薪，却觉得钱越发紧张。尽管有人会说那个年代的钱比现在的钱购买力高，但是现在生活水平也提高了，这是毋庸置疑的。归根结底，我们对金钱永无休止的追求，还是因为我们的欲望太泛滥了。尤其是现代的很多年轻人，拿着高薪，却是"月光族"，还有些甚至是"负翁族"。他们总是不知道规划，刚刚领到薪水的时候尽情享乐，而等到半个月一过，就开始吃糠咽菜，再也没有了此前的潇洒。如此日复一日，年复一年，他们养成了今朝有酒今朝醉的习惯，对人生再也没有规划意识。这样的年轻人，必然成为金钱的奴隶，永远被金钱驱使。聪明人会当金钱的主人，把有限的金钱用在最需要的地方，从而让自己的生活变得从容。有些年轻人虽然薪水微薄，却能供养家里，还能挤出一部分钱来奉献爱心。他们，就是金钱的主人，人生在他们的合理规划下，也必然变得更加从容不迫。

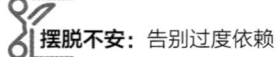

欣欣大学毕业后就来到大城市工作,看着这个五光十色的世界,她彻底地目眩神迷。刚来到单位的欣欣,看起来就像是个小土妞,穿着老气横秋的衣服,留着过时的发型。然而,半年之后,见到欣欣的人都大吃一惊,原来,她浑身都换上了名牌货,头发也变成了时下最流行的颜色。正值中秋,欣欣回乡过节,简直让爸妈都吓了一跳。然而,当爸妈问欣欣半年攒了多少钱时,更是大吃一惊。

原来,欣欣的工作是老乡介绍的,因而工资比较高,每个月都能赚到5500元。这对于在家辛苦务农的父母而言,几乎相当于他们一个人半年的收入。但是欣欣半年的工资,都已经花光了。她不但一分没剩下,还想跟爸妈要点儿钱交房租呢。听到欣欣这么说,爸爸气得火冒三丈,恨不得像小时候那样狠狠教训欣欣一顿。在妈妈的仔细询问下,欣欣才说了自己的消费情况。原来,欣欣单位里的女孩子都很时髦,为此,欣欣也学着她们的样子买名牌化妆品,买时髦的衣服——一条裙子就要七八百块钱呢,还买很多美食。为此,欣欣每个月发工资时都是最高兴的,但是高高兴兴地花了半个月之后,就所剩无几了。那些女孩们也是如此,而且总是相互劝慰:"女孩子将来找个好老公就什么都有了,那么辛苦节俭干什么!"听到欣欣的讲述,妈妈语重心长地说:"欣欣,爸爸妈妈供养你上大学不容易,家里的猪马牛羊都卖完了。你现在大学毕业了,能挣钱了,我和你爸也老了,你弟弟还要上大学呢,咱们可不能学

第一章 学会放松：摆脱心灵的压力才能让内心充满安全感

着大城市里的女孩子们那样挥霍啊！"欣欣意识到自己错了，惭愧地低下了头，说："妈妈，等这次交完房租，我一定每个月一发工资就给你们汇钱。"妈妈说："你就算不给我们汇钱，自己也应该积攒一些。人啊，一辈子哪能不遇到点儿事情呢，你独自在外，手里分文不剩，万一需要用钱，又去哪里找哇！"欣欣重重地点点头。

月光族的悲哀，相信很多人都深有体会。在这个时代，很多人都禁不住物质的诱惑，因此也就无法合理有度地消费。尤其是在现代社会，各种新鲜的电子产品更新换代的速度很快，还有些年轻人总是追求最新款的手机，非要买最新款的手机用。虽然每个人对于金钱的欲望都是无限的，但是我们能挣到的钱却是有限的。如何把这些有限的钱合理安排到最值得的去处，从而帮助自己把生活打理得更好，是每个人都应该具备的能力。

金钱就像一条河，在我们的生命中缓缓地流淌。你如果能成功地引导这条河，让它按照你的意愿流淌，你就是河的主人。相反，你如果始终盲目跟着湍急的河水奔跑，那么你就是河的奴隶。我们要学会治理生命中的这条河，这样它流经的地方才会鲜花遍野，生机勃勃。

▶ 心理小贴士

打理金钱一定要掌握四个字，即"开源节流"。所谓"开

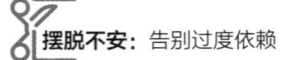
摆脱不安：告别过度依赖

源"，就是要努力挣钱，学会理财；而所谓"节流"，顾名思义就是控制消费，消费有度。不管有多少钱，如果毫无节制地消费，总有花完的那一天，而且如果因为花钱大手大脚而养成奢侈消费的习惯，那么人生就会成为无底洞，不管有多少钱也不够花。你也会因此而对金钱更加渴望，甚至因为受到欲望的驱使而做出违反法律的事情，从而陷入人生的黑洞，再也无法逃离。钱都去哪儿了？都花在合理的、该花的地方了吗？我们只有弄清楚这两个问题，才能摆脱金钱的桎梏，享受充实而有序的人生。

功名利禄皆身外之物，别让它们成为心中的累赘

人生有很多身外之物，诸如钱财，总是生不带来，死不带去的。然而，大家虽然都知道钱财如此，却依然对其趋之若鹜。究其原因，钱不是万能的，但是没有钱却是万万不能的。现代社会物质条件极大丰富，人们的欲望也随之膨胀。越来越多的人对生活充满渴望，甚至怀有奢望，这一切愿望的实现都要靠金钱作为支撑。在这种情况下，如何能够做到洒脱呢？这个时代消费主义、享乐主义有席卷全球之势，作为这个时代中的人，我们要想明哲保身当然是很困难的。这需要极大的毅力来控制自己，也需要我们认清生活的本质，明确自己对于生活

第一章　学会放松：摆脱心灵的压力才能让内心充满安全感

的最终追求。

当你有钱了，就一定会变得快乐吗？也许对于现在身无分文的你而言，有一万块钱就会很快乐。但是当你真的拥有一万块钱的时候，你就会梦想着拥有十万、一百万……所谓欲壑难填，说的就是这个道理。如果人们失去初心，忘却自己对于生活最初的渴望，就会被欲望驱使着做很多违心的事情，导致人生无比沉重。不知道你是否曾经看到过以前街边的流浪者，即使饿着肚子感受阳光的照射，他们的脸上也会时而露出满足的微笑。难道他们不想要功名利禄吗？当然，如果你问他们这个问题，他们的回答必然是肯定的。然而，基于现状，他们只想要饱食暖衣，而且有阳光可取暖，就心满意足了。这是因为，他们在生存的困境中降低了要求，所以更容易得到满足。那么我们呢？我们的起点虽然比他们高很多，但是我们要想得到快乐，就应该努力控制对于物质的欲望。对于这些身外之物，得到太多也许只是累赘，让我们的心灵无法轻松翱翔。

近来，因为忙于工作，李杜患了严重的颈椎病。医生建议他多运动，这样才能使身体恢复健康。所以，李杜决定加入好友的"驴友"团，一起去爬山。从大学毕业到现在，李杜已经三年多没爬山了，因此颇有些兴奋。头一天晚上，李杜就开始收拾背包，为自己准备了大量的食物、水、牛奶、肉干，还有水果。为了清洁，他还带了一大包湿纸巾。当然，山里的天气变幻莫测，李杜还细心地带了一件雨衣。在指定地点集合之后，朋友看到李杜鼓鼓囊囊的背包，惊讶地问："你怎么带了这么多东西？"李杜自豪地说："吃的喝的一应俱全，你要是缺少什么就来找我。"朋友摇摇头，说："你大概以为咱们是来悠闲惬意地旅游了。这个驴友团可是专业爬山的，速度很快的，如果带的东西太多了，你就很难跟得上大家的速度，就会落后。"李杜不以为然，说："没那么玄吧，我不至于因为这点东西，就爬不动了，放心吧。"

等所有人到齐了，大家开始迅速地爬山。刚开始时，李杜还能紧跟在朋友身后，与朋友谈笑风生，即使朋友劝他少说话以保存体力，他也不以为然。后来，他就越来越气喘吁吁，不得不停下来休息。然而，他又不敢休息太久，否则就失去了大部队的踪影。就这样，李杜越是心急，就越疲劳，他带的那么多东西在赶到休息地点之前根本没有机会吃，正如朋友所说的，那些东西成了他沉重的负担。这时，李杜才意识到朋友说的话是对的，在体力消耗达到极限时，哪怕是一小瓶饮料，都是不能承受之重。难怪那些专业的登山队员，即使爬珠穆朗玛峰，也只是带着有限的食物和水，最大限度地减少负重呢！

李杜的爬山装备，看起来就像是为郊外游玩准备的，充满着悠闲惬意的情调。然而，爬山是一项非常消耗体力的运动，尤其是在这种有组织的驴友团里，爬山更是有时间的限制，必须到了指定地点才能休息。而经验丰富的人员，不但不会带太多的东西，也不会让自己吃太多的东西。因为哪怕食物进了肚子里，一旦过量也是身体的负担。这个事例告诉我们，一个人如果想要快速行进，勇往直前，就必须彻底放下那些身外之物，这样才能轻装上阵。虽然让一个人捧起一个几十斤重的东西一分钟不是难事，但是如果把时间延长到几十分钟，那么哪怕捧起的只是几斤重的东西，也会觉得犹如万斤。因此，不要贪婪地把所有的东西都背负上，否则在漫漫人生路上，一定会有让你追悔莫及的那一天。

▶心理小贴士

实际上，很多人之所以觉得人生苦短，就是因为过分追求这些身外之物，诸如金钱权势、功名利禄等。古人云，"心底无私天地宽"，这句话就是说人们如果能够放弃私心杂念，就会豁然开朗。所以，我们要想得到快乐，就必须真正地舍弃那些身外之物。

第二章

淡定从容：摆脱不安，要从控制自我开始

越是性格急躁的人，越容易陷入焦虑的陷阱。这是因为，性格急躁的人遇到事情往往不能冷静、坦然地面对，而会导致情绪失控，因而使事情变得更加糟糕。其实，人生的很多问题并不能靠着情绪解决，在大多数情况下，人们只有保持冷静理智，才能找到最佳解决问题的办法，从而最大限度地降低损失。当你变得淡定从容，当你成为自己情绪的主人，你就会知道该如何面对突发的一切。

平衡你的多重角色，奏响和谐生活的乐章

在生活中，每个人都有多重角色。在父母面前，我们是子女，要乖巧孝顺，善解人意；在爱人面前，我们是配偶，要温情脉脉，体贴入微；在孩子面前，我们是父亲或者母亲，要百项全能，才能给孩子撑起一片晴空；在上司面前，我们是下属，必须完成上司交代的任务，尽量得到上司的认可；在下属面前，我们是上司，既要保持威严又要平易近人；在销售员面前，我们是顾客，要注意不要显得颐指气使，表现出自己的素质；在对手面前，我们再累也要表现出坚强的模样，这样才能保持气势……这些，都是我们需要扮演的不同角色，而如何平衡好这些角色的关系，是我们幸福生活的关键所在。

所谓幸福，很多人如今都已经意识到，幸福只是内心深处的一种感受。千万富翁赚取一百万也不会觉得幸福，甚至还会因为金钱的负累而平添烦恼，但是乞丐如果能够讨得一口热饭，就会觉得非常幸福，毕竟在寒风刺骨的天气中有了一点点温暖。对于那些学霸而言，得到更高的学位未必能感到幸福，但是对于大多数普通人而言，只要考上好大学，得到文凭，再凭着真才实学拼出属于自己的一片天地，就是幸福。由此可

见，要想获得真正的幸福，我们必须平衡多种角色之间的关系，这样才能让生活更和谐、更幸福。

作为一家公司的部门主管，陆羽的生活简直忙成了一团乱麻。原本，他的想法很简单，努力工作，挣更多的钱，给妻子和女儿创造更好的物质生活条件。但是，随着他职位的上升，他的工作也越来越忙碌，他回家的时间总是无限制地拖延下去。从小职员时代的每天六七点钟下班，到项目负责人的每天七八点下班，如今，成为部门主管的陆羽几乎从未在九点之前离开公司。如果遇上加班或者开会，甚至要到十一二点才能回到家里。渐渐地，妻子开始抱怨陆羽不顾家，女儿也抱怨爸爸从未有时间陪伴她。陆羽觉得很委屈，常常在妻子和女儿牢骚不断时说："我也想早点儿下班回家啊，但是我这么辛苦工作还不是为了你们嘛！"即便陆羽这么说，妻子和女儿也并不领情。妻子总是委屈万分地说："我不想要钱，我只想要一个正常的家庭生活。"女儿呢，也振振有词："老师都说父母要尽量陪伴孩子，但是我每天连见你一面都很难。"就这样，陆羽与妻子和女儿渐行渐远。

这个周末是丈母娘的生日，妻子早就和陆羽说好要去拜寿，但是陆羽却因为一个临时的会议完全忘记了这回事儿。等到他疲惫不堪地回到家里时，妻子眼睛都哭得红肿了。陆羽一拍脑门，这才想起来自己犯了严重的错误。他赶紧向妻子道歉，又在第一时间给丈母娘打电话祝寿。电话里，丈母娘的声

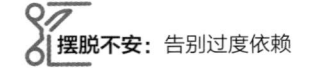

音也不太高兴："没关系的，工作要紧。"就这样，陆羽觉得自己虽然钱越挣越多，但是快乐却渐渐远离了。没过多久，陆羽的顶头上司张经理主动提出降职，这让陆羽很疑惑，张经理给出的理由却非常简单："妻子嫌我下班晚，又不能陪孩子。思来想去，还是家庭重要。"恢复到普通职员身份的张经理再也没有那么多琐事，每天到点下班，即使需要加班，也可以带回家里做。这件事情给陆羽很深的触动，他突然意识到工作忙并不能成为他疏远家庭的理由。他虽然没有魄力放弃自己为之努力这么久的一切，但是他极力调整工作的节奏，尽量顾全家庭。看到陆羽的改变，妻子和女儿的脸上露出了幸福的笑容。

一个人即使在事业上再怎么成功和努力，也依然要过好家庭生活，兼顾责任和爱，这样才是真正的成功。

▶ 心理小贴士

我们既然扮演着多重角色，就要尽力协调这些角色，只有把每个角色都做到最好，我们才能享受和谐融洽的幸福人生。很多人都习惯于把工作和家庭对立起来，似乎为了家庭而努力工作，就必然要付出所有的时间和精力在事业上，牺牲陪伴家人的时间。殊不知，这样的对立是非常愚蠢的，不但不会让你更加全心全意地投入工作，反而会使你因为家人的不满而不能从容地工作。真正的聪明人，能够如鱼得水地游走在各个角色中，把每个角色都扮演得风生水起。

温柔对待生命中的种种不安因素

很多人都对焦虑避之不及，殊不知，焦虑是生命的镜子，能够从某个角度折射出生命的本质。当焦虑为我们敲响警钟，我们才能及时发现身体和心灵的问题，从而反思自身，叩问生命，最终积极地摆脱焦虑的困扰。人的身体，是一个封闭的循环系统，自有其规律存在。任何一个方面的异常，都会让整个身体变得混乱。如果我们一味对抗焦虑，就会打破自身的平衡。和万事万物一样，焦虑既然存在，就有其合理性。正如一位哲人所说，存在就是合理，我们理应温柔地接纳和对待焦虑，从而探寻生命的本质。

当人们感受到威胁时，难免会觉得口干舌燥、压力倍增，甚至浑身冷汗，呼吸急促，血压也会随之增高。细心的人会发现，这些症状完全符合焦虑者的表现。由此可见，焦虑不但是精神的一种应激反应，在身体上也有诸多表现。因而，我们一味地排斥和抗拒焦虑，只会让一切变得更糟糕。唯有坦然迎接焦虑的到来，主动观察身体和精神上的诸多异常表现，我们才能更好地拥抱生命。

在现代社会，职场人士的生存压力越来越大，陷于激烈的竞争之中，经常感到莫名其妙的焦虑。其实，这些焦虑并非无源之水，而是有现实原因的。因此，千万不要觉得是自己在"发神经"，而应该反思自己的工作和生活。有些人因为生活压力大而焦虑，有些人因为职业生涯发展不顺而焦虑，有些人因为不能合理安排时间而焦虑，有些人因为学习而焦虑……总而言之，一切焦虑都是有原因的，不可小视。

眼看着结婚的日子越来越近，丽娜陷入了焦虑之中。原本还兴高采烈准备结婚事宜的她，最近几天总是感到心慌气短，有时甚至因为压抑而恨不得爬到山顶声嘶力竭地大喊大叫。最让丽娜感到恐惧的是，她还常常想要逃离这一切，躲到一个没有人能够找到她的地方，始终期盼的婚姻也对她失去了吸引力。

还有三天就是大婚的日子，丽娜越来越觉得自己是在发昏。她约了朋友出来一起喝茶，悄悄地告诉朋友："我想逃跑。要是你在我结婚的日子找不到我，千万不要惊慌，我只是顺应自己的内心，逃走了。"朋友大惊失色，赶紧批评她："你可别真的发昏啊，婚姻是一辈子的大事，你们也是历经千辛万苦才得到父母同意的。如果就这样放弃，简直是天理难容啊，张骞一定会非常伤心的。难道张骞对你不好吗？"丽娜摇摇头，说："很好！"朋友更加不解："你可真是身在福中不知福。你知不知道，有多少人羡慕你能嫁入豪门，而且还有一个深爱你的丈夫哇！"丽娜苦笑着说："谁知道我未来的人生

第二章 淡定从容：摆脱不安，要从控制自我开始

是幸福还是不幸呢？天也不知道啊。"朋友审视丽娜很久，才说："我知道了，你肯定是得了'婚前焦虑症'。放心吧，你所担心的一切都是不存在的，你一定会非常幸福的。其实，你只是因为害怕未知的生活，所以想要逃避而已。实际上，你还是很爱张骞，也很期待你们的婚姻的。"朋友的话，让丽娜也陷入了沉思：难道我真的得了"婚前焦虑症"？为了防止自己在一时冲动下做出让自己后悔的事情，丽娜特意去看心理咨询师，证实了朋友的猜测是正确的。原来，很多人在婚前感到紧张，甚至对渴望已久的婚姻感到恐惧，恨不得赶快逃走，以便让一切重新来过。丽娜也是同样的感受。在心理咨询师的开导下，丽娜渐渐意识到自己是杞人忧天，因此，她遵照心理咨询师的建议不再排斥焦虑，而是坦然接纳自己的焦虑，对待自己心中的疑惑。得知丽娜的状态后，准新郎张骞也极尽温柔，尽量安抚丽娜，帮助她树立对婚姻的信心。

因为丽娜的焦虑得到了正确的对待和及时的疏导，所以丽娜再也不感到惊慌失措了。在张骞的安抚下，她满怀信心地迎接新生活的到来。

在很多情况下，焦虑是我们潜意识中恐惧的表现。就像事例中的丽娜，正是因为对婚姻生活的恐惧，所以才不知不觉陷入焦虑的状态之中。这种情况如果得不到及时疏导，也许会使问题变得更加严重。因此，我们应该学会接纳焦虑，反思自身，从而找到问题的症结所在，从根本上消除焦虑。

> ▶️ 心理小贴士

有很多焦虑的人根本不知道自己焦虑的原因在哪里，因而他们总是一味地担心自己过度焦虑，所以对焦虑更加排斥。殊不知，正是这种发自心底的抗拒和排斥，才使焦虑变本加厉。从现在开始，就让我们愉快地接纳焦虑吧，唯有如此，我们才会更快乐地享受生活，拥抱自己。

每天清晨都要对镜子里的自己笑一笑

你是否曾经每天都愁眉苦脸，看起来就像是个受气的小媳妇，让看到你的人也情绪失落，变得同样笑不出来？你是否曾经觉得自己的心情低沉得就像是夏日里雷雨降临前，低垂在天边的厚厚的乌云，仿佛能拧出水来？你是否曾经不管遇到多么高兴的事情，都以一声叹息作为总结，因为你不知道那些事情是否真的值得高兴？如果你有以上种种的表现，那就说明你是一个郁郁寡欢、焦虑不安的人。因为缺乏安全感，因为对未来没有把握，你从不敢放肆地笑，更不敢充满底气地说话、承诺，放出豪言壮语。如何才能改变这样的状况呢？不管是花季少女，还是垂垂老者，都应该以明媚的心情，开心快乐地度过每一天。唯有如此，我们才不辜负生命的可贵，才能尽享生命的馈赠。

细心的人会发现,当你心情低落的时候,如果你能强迫自己笑一笑,哪怕并非发自内心,很快你的心情就会宛若被施了魔法一样,真的好起来。虽然不是心情大好,但是至少也能够让你不那么压抑阴郁了。尽管有人说走形式是没有作用的,但在这里看来,走形式还是有作用的,因为形式化的暗示累积到一定的量就能引起质变,让你的心情在暗示的作用下,真的变得好起来。从此,你的天空也就充满阳光,乌云不再。

静静从小就是个自卑的女孩。原来,她有一个酗酒的父亲,总是喝得醉醺醺的,不是打妈妈,就是骂静静,这让静静觉得自己怎么也不如别人。因而,她虽然从小学开始学习成绩就在班级里名列前茅,但是她从未有过真正的自信和快乐。

这样的情绪,跟随静静直到大学毕业。因为大学毕业生越来越多,静静没有找到与专业对口的工作,而是从事二手房销售工作。这个行业无疑需要乐观开朗、积极自信的性格,还需要有好口才。这几条,静静一条都不占,但是她缺钱。无疑,和很多安逸舒适的工作相比,销售工作能帮助她在短时间内挣到更多的钱,积累资金。为此,静静硬着头皮开始工作。刚开始时,不管是同事,还是买房的客户,都觉得静静太忧郁了。然而,静静二十几年都是这么过来的,所以她一时之间也不知道如何改变。一个偶然的机会,静静读到一篇文章,上面说要提醒自己保持微笑,要提醒自己变得自信,要相信自己是

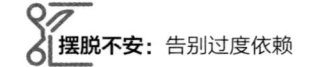

最棒的。因此，静静按照书上的方法，在租住的小屋每一个角落都贴满了提示语。比如，她在镜子上贴上："微笑度过每一天。"果然，在看到这句话的时候，原本从起床开始就眉头紧锁的静静情不自禁地笑了一下。看着镜子中微笑的自己，她莫名其妙地心情好转，居然觉得室外阳光明媚。又如，她在漱口杯上贴着："你是最棒的！"她虽然很怀疑这句话的真实性，但是的确腰杆挺得更直了一些。再如，她在门上、床头上贴满了形形色色的提示语，诸如"你的微笑最美丽""你是最优秀的女孩""笑一笑，十年少""你的笑容有征服人心的魔力"等。每当看到这些提示语，她都会情不自禁地微笑，而且在心中默念那些自我鼓励的话。静静非常认真地照着书本的指示去做，一个月之后，奇迹出现了。她渐渐变得爱说爱笑，也充满了自信，不再是那个内向害羞的女孩了。以前，大家，包括她自己在内都觉得她不适合这份工作，现在她居然把工作做得风生水起。如今的静静，每天都会抓住机会对着镜子里的自己微笑，或者是清晨起床对镜梳妆时，或者是对着办公桌上的镜子整理乱发时，或者哪怕是经过一扇反光很好的玻璃门，也会对着整理自己的仪容仪表，然后再微微一笑……静静从镜子中微笑的自己身上，得到了强大的力量。

如果你也像静静一样曾经郁郁寡欢，曾经自卑自怜，那么从现在开始，不妨也多为自己准备几面镜子吧。当你越来越多地对着镜子里的自己微笑，你也就获得了无穷无尽的力量，自然也就能够改变人生，让自己变得勇敢豁达，充满自信。

▶ 心理小贴士

所谓量变引起质变，很多"自欺欺人"的话如果说得多了，自己也就会当真了。当然，这里所谓的自欺欺人不是消极逃避，而是积极乐观地鼓励自己。每个人都有自己的优点和长处，我们所要做的就是扬长避短。如果你的缺点就是不够自信，那么从现在开始就多多鼓励自己吧。当你无数次对着镜子里的自己微笑，你不但会变得美丽，而且会变得信心满满。

头脑清醒，方能有效控制焦虑

很多人都曾有过歇斯底里的经历，事发之前即使再三告诫自己一定要保持淡定和冷静，但是真正事到临头时，往往会情绪冲动，无法控制自己的头脑，情急之下就开始发脾气，不管不顾。然而，等到事情结束恢复冷静之后，马上懊悔不已，恨不得狠狠地扇自己两个大耳刮子，也恨不得付出一切代价给他人赔礼道歉。然而，这一切都为时晚矣。很多时候，语言就像是最无情的伤害，一旦形成，就再也无法消除。既然如此，我们一定要保持清醒的头脑，这样才能控制住焦虑，不被焦虑所左右。

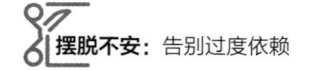

人生哪来那么多的一帆风顺，大多数人的人生总是漏洞百出，错误频现。面对诸多不如意，焦虑者很容易出现情绪失控，甚至在情急之下口不择言。实际上，这是焦虑的一种表现，应该引起每个人的足够重视。当头脑失控了，就意味着我们成为焦虑的奴隶，受到焦虑的奴役，再也无法平心静气。换个角度来说，我们必须保持清醒的头脑，才能成为焦虑的主人，避免被焦虑扰乱生活的秩序。

因为头脑失控导致焦虑，轻则郁郁寡欢，重则行为偏激，甚至与他人发生口角。倘若因此而触犯法律，则整个人生都会因此而出现转折，最终追悔莫及。因而，千万不要小视焦虑的负面影响。我们只有及时排解焦虑的情绪，恢复头脑的清醒和理智，才能如愿以偿地拥有精彩的人生。

自从加入这个购物群，华华就开始陷入焦虑。原本，华华是因为听到姐姐说这个购物群里总是有一些优惠商品的信息，能够帮助群里的人花很少的钱，买到高品质的商品，所以才加入的。刚开始时，华华还能控制自己只买需要的东西。但是，因为她是全职家庭主妇，所以在把孩子送到幼儿园之后，一整天都非常清闲，因而越来越沉迷其中。每当群主发了优惠的商品，即使家里并不缺，真的并不需要，她也会马上抢购。渐渐地，华华开始焦虑：如果不购买群主推荐的优惠商品，她就会觉得心里没着落，似乎没占到便宜是极大的犯罪一样。

眼看就要到中秋节了，群主开始大力推荐月饼。华华本身就喜欢吃月饼，一看到平日里买一块月饼的价格现在能买到一盒月饼，她就开始控制不住地疯狂下单。短短一个星期，华华就买了十几盒月饼，家里根本吃不完，只好拿出去送人。华华不仅对待月饼如此，对待其他家庭生活中的消耗品更是如此。如今，她的家里简直堆积如山，不但有十几包卷纸、抽纸，还有好几桶油，十几袋大米。看到华华这么疯狂的样子，老公不由得担心地说："你买得也太多了，最近状态是不是不太对劲？"老公的话提醒了华华，华华也觉得自己最近每天都买好几样东西，的确很不正常。幸好，她还保留着一些清醒，因而赶紧去看心理医生。听到她的描述之后，心理医生笑着说："你这是焦虑症，也叫作'购买强迫症'。因为你心底里认定那些东西都是物美价廉的，买到就是赚到，所以强迫自己非买不可。实际上，如果不是特别需要的东西，即使再便宜，买回家里也是闲置，因而是极大的浪费。你如果这么想了，就不会再那么急迫地要求自己非买不可了。"在心理医生的开导下，华华逐渐意识到自己的问题所在，因而她再看到有物美价廉的商品时，第一反应就是斟酌这个东西是否是生活必需品，是否急切需要。渐渐地，她不再那么焦虑不安了，买东西也变得更有节制。

对于任何事情，如果缺乏清醒的头脑，必然会陷入焦虑之中，甚至因此而让自己失去控制。就像事例中的华华，虽然购物不是特别严重的焦虑表现，但是如果花了很多钱买了一大堆

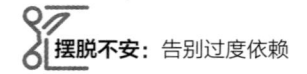

用不上的东西囤积在家里，日久天长，也是让人难以招架的。可以说，焦虑遍布生活的方方面面，深深地影响着我们的生活。我们必须对焦虑引起足够的重视，而且能够适度控制自己的焦虑，这样才能保持头脑的清醒和冷静，让自己更从容不迫地享受生活。

▶ 心理小贴士

有很多冲动的情绪都会导致人们头脑失控，其中焦虑是最常见的一种。在生活中，很多事情会引起人们的焦虑，哪怕只是一场例行的考试，也会让一些神经绷得很紧的人，感受到焦虑的折磨。在这种情况下，我们必须保持头脑的冷静，在陷入焦虑的陷阱之前，就适当控制自己。人生虽然偶尔需要放纵以宣泄情绪，但是一味地放纵必然让我们坠入沉沦的深渊。我们只有深刻意识到失控对人生的危害，才能主动自发地控制情绪，保持清醒与理智。

从容生活，化解焦虑

有一句话叫"做淡定从容的女人"。看到这个句子，眼前就仿佛出现了一个极度优雅和淡定从容的女人，她袅娜的身姿，淡淡的微笑，让看到她的人觉得如同春风拂面，煦阳高照。等到她开始说话,更觉得就像是柔风细雨轻轻地抚慰人们的心灵,那么从容不迫,那么淡定优雅。这样的女人,别说能够赢得男人的青睐,就算是作为同性的女人,也一定叹服于她的人格魅力。遗憾的是,生活中有太多女人习惯动辄火冒三丈,也有太多女人每天抱怨不止。女人,一生都在修炼,而且必须修行到极致,才能成为一个真正淡定从容的女人。

从容二字,不管放在哪里都看似轻飘飘的,说起来更是不费吹灰之力。然而仔细想想,不管是男人还是女人,只要能从容地生活,就是最大的成功。所谓从容,就是泰山崩于前而色不变;所谓从容,就是宠辱不惊,去留无意;所谓从容,就是不管遇到什么事情都不惊慌不失措;所谓从容,就是总能够保持淡淡的微笑和眼底的真诚……一个人如果活出真从容,就是真正的人生赢家。我们虽然距离成为人生赢家还有很远,但是为了消除焦虑,我们还是应该尽量从容不迫,因为从容是焦虑的克星。当你做到从容,焦虑就会消失得无影无踪。

战国时期,有个叫塞翁的老人生活在北城的偏僻地带,距离关口很近。因为地方辽阔,塞翁养了很多马。有一天,马群回家之后,他发现少了一匹马,猜测一定是走失了。邻居们得知此事,纷纷登门安慰塞翁:"别担心,只是一匹马而已。年纪大了,身体最重要,一切钱财都是身外之物。"塞翁听到邻居们好心好意的劝慰,说:"一匹马丢了无所谓,也许还会有意外的收获呢!"看到塞翁这么自欺欺人,邻居们都暗自想道：马丢了还说是好事，真是死要面子活受罪呀！然而，谁也没想到，第二天一早，那匹丢失的马不但主动回家了，还带回来了一匹骏马，浑身赤红，一看就是好马。看到塞翁平白无故地得到了一匹马，邻居们不由得想起他曾经说过的话，纷纷表示佩服："您真是眼光长远，这匹马果真给您带来了意外的惊喜。"塞翁丝毫不觉得高兴，反而忧心忡忡地说："白得一匹马可不是好事，也许会乐极生悲呢！"邻居们私下里议论纷纷："这个老头儿可真狡猾，白得了一匹马一定乐坏了，表面上却还装出忧愁的样子。"

后来，塞翁的独生子每天都骑着这匹骏马四处游玩，一不小心，居然从马背上摔了下来，摔断了腿。看到塞翁唯一的儿子遭此大祸，邻居们纷纷赶来安慰塞翁，塞翁却不以为然地说："虽然腿断了，但是好歹命还在。谁能说这不是福气呢！"这下子，邻居们都觉得塞翁老糊涂了，因为他们无论如何也想不明白摔断了腿算什么福气。没过多久，匈奴开始入侵，村子里的年轻人全应征入伍，只有塞翁的儿子因为一瘸一拐的原因，得以留在家里。战争是无情且残酷的，那些奔赴战场的年轻人大都失去了性命，塞翁的儿子却平平安安地待在家里。

塞翁失马的故事，可谓一波三折。在邻居们都为塞翁丢失马而感到惋惜时，塞翁却不以为然；在邻居们都为塞翁平白无故得到一匹马而感到羡慕时，塞翁却不觉得高兴；在儿子摔断腿之后，塞翁更是一反常态，毫不伤心难过；最终，塞翁的儿子因为一瘸一拐而免于上战场，保全了性命。这个故事的本意是想告诉我们祸福相依，祸福也无法准确地区分。但是，我们可以从塞翁的身上看到一种淡定从容的可贵品质。如果不是始终保持从容的心态，塞翁就会在失去马时惋惜，得到马时狂喜，儿子摔断腿时心痛，儿子免于上战场而保全性命时欣喜若狂。由此一来，短时间内的大喜大悲一定会扰乱塞翁的心绪，使其生活发生更大的波折。

如果把塞翁的经历套用到现代人的身上，一定是大喜大悲，心绪难平。为此，我们必须保持从容的心境，也只有这样，才能更好地应对人生的各种境遇，也才能始终平和宁静地享受生活的馈赠。

▶ 心理小贴士

如果你想把焦虑从自己的心中赶走，那么首先要练就从容的气质。既然很多事情一旦发生，不管你再怎么惊慌失措、追悔莫及都无法改变现状，那么不如坦然接受。当你内心归于宁静，你就会变得淡定从容。

选择你的态度，态度决定命运

曾经有位名人说，一个人最大的敌人是自己，唯有突破

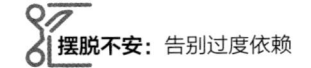

自身的局限和禁锢，人们才能获得长足的发展。的确如此，在很多情况下，虽然外界环境十分恶劣，但是人们总像打不死的小强一样顽强不屈。然而，一旦内心的精神支柱轰然崩塌，整个人的精神都会随之崩溃，再也无法做到强大镇定。既然人生的态度决定了我们的成败，那么我们从现在开始就应该调整心态，让自己以更加自信、更加乐观的姿态对待生活，迎接生活赋予我们的挑战和磨难。

在生活中，总有些人非常悲观消极，即使事情远远没有那么糟糕，他们也会怨天尤人，早早地放弃希望，不再进行任何努力。还有些人与此恰恰相反，他们虽然面临着窘境，却始终保持乐观，更不会因为眼前的困难和障碍而轻易放弃。他们就像是许多影视作品里的那些主人公一样，任何时候都保持旺盛的精力和顽强不屈的意志，不到最后的关头决不放弃。细心的人会发现，那些成功人士，那些在逆境中最终柳暗花明的人士，都是非常坚强和乐观的。与此相反，那些悲观绝望的人，即使有很多很好的机会摆在他们面前，也终将与之失之交臂，甚至被命运抛弃。对于每一个人而言，命运都不会永远一帆风顺。尤其是在漫长的一生中，我们既会接受阳光的抚摸和清风的吹拂，也会被命运的浪涛抛起又跌下。面对这一切，我们必须坚定不移地相信自己终将能够冲破乌云，顺利扭转局势。在很多情况下，我们无法改变客观的存在，我们唯一能做的就是调整好心态，采取正确的态度应对。这是我们的主场，我们要

第二章 淡定从容：摆脱不安，要从控制自我开始

时刻牢记这一点。

作为肯德基的创始人，山德士上校创业很晚，是在很多人已经开始颐养天年的65岁。当年，山德士上校穷困潦倒，依靠申领政府的救济金过日子。当他拿到第一笔105美元的救济金时，不由得垂头丧气。但是，他并没有抱怨社会和他人，而是扪心自问："我如何才能回馈他人呢？我如何成为一个能够创造自身价值的人呢？"思来想去，他觉得自己除了拥有一个炸鸡秘方，没有任何能够改变命运的契机。为此，他开始尝试去餐馆推销自己的炸鸡秘方。然而，他被拒绝了。那些餐馆不但不同意与山德士上校合作，甚至不愿意给他尝试的机会。然而，在遭受无数次拒绝之后，山德士上校丝毫没有气馁，而是继续再接再厉，四处推销自己的炸鸡秘方。为此，有些餐馆的老板无情地嘲笑他："如果你真的有秘方，会这样身无分文地靠领救济金过日子吗？"这些冷嘲热讽、无情拒绝，都不能让山德士上校退缩。在遭到整整1009次拒绝之后，他终于找到了一家愿意与他合作的餐馆。这样的尝试，历时两年，是山德士上校完全靠着一己之力，开着一辆破烂不堪的老爷车完成的。从此，肯德基爷爷的形象遍布世界各地，受到无数美食爱好者的追捧。

这么多次失败，这么长时间的坚持，有几个人能像山德士上校一样锲而不舍呢！正因为我们没有山德士上校的坚强乐观，也缺乏他的顽强不屈，所以我们只能是个普通得不能再普

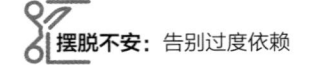

通的人，而山德士上校却在65岁高龄时，得到了辉煌的成功。

纵观古今中外，你会发现，但凡成功人士，一定有着积极乐观的态度，有着顽强的毅力，有着永不放弃的信念。一次的拒绝并不意味着什么，1000次的拒绝也不代表我们无法迎来第1001次的成功。我们只要始终牢记心中的目标，坚持不懈，持之以恒，就一定能够冲破命运的藩篱，最终实现自己的人生理想。

▶ 心理小贴士

天上不会掉馅饼，任何财富，都是给那些愿意付出的人准备的。你倘若总是采取被动消极的态度对待人生，你的人生就一定会充满失望。你倘若不管身处何种境遇都坚持努力，那么即便情况再怎么糟糕，你的心中也会充满希望，成功难道还会远吗？

第三章

洞悉内心：你的过度依赖行为，源于内心的不安

对于身体上的疾病，尤其是那些症状明显的急性病，人们总是第一时间赶去看医生，生怕稍有耽误，病就会由肌肤到腠理。然而，人们却总是忽略精神上的疾病，因为精神上的疾病并不会马上影响我们的身体健康，而且也没有太明显的症状。因此，越来越多的现代人因为生活压力的增大和工作节奏的加快，而深受精神疾病的困扰。精神与肉体原本就是一体的，因而我们在保障肉体健康的同时，也要更多地关心精神健康。

从容是焦虑的克星

现代人有几个是不焦虑的呢？现代人又有几个能够切实意识到自己的焦虑呢？提起焦虑，大家都知道一二，但是对于自身的焦虑，总是视若无睹，无知无觉。正因如此，很多人都备受焦虑的折磨，却根本不知道问题出在哪个地方。因此，我们应该更加地了解到焦虑在生活中是无处不在的，也应该知道如何正确地面对焦虑，这样才不至于觉得惊慌或者恐惧，从而帮助我们保持平静的心情。

提到焦虑，有些人根本毫无意识，有些人却如临大敌。如此严重的两极分化的态度，让人惊讶不已。对于焦虑是否值得人们担心，回答当然是肯定的。有些人对于焦虑避之不及，仿佛焦虑是多么严重的瘟疫，一旦沾染上就无法摆脱。其实，焦虑根本不像我们想象的那么可怕，焦虑也是人的正常情绪之一。适度的焦虑不仅能刺激人们更加积极奋进，还能帮助人们以更好的状态接受新鲜事物。当然，过度的焦虑则会让人坐立不安、心神不宁，甚至会影响正常的工作和生活。在这种情况下，我们必须把握好焦虑的度，才能防止焦虑负面作用的发生，尽量使其发挥正面的作用。

单云从二十出头就开始当护士，至今她的护士生涯已经走过了足足三十年。单云今年已经五十出头了，因为医院要提拔一名经验丰富且认真负责的护士专管护理，所以单云理所当然地被选中。以她的能力和资历，这是当之无愧的。然而，原本就有完美主义情结的单云对待自己的工作和生活都异常认真，现在升职之后，难以避免地把完美主义运用于管理下属。她要求每一名护理人员都要达到最高的卫生标准和护理标准，这让护士们都叫苦不迭。

在单云走马上任之后，医院接连几次在卫生局的检查中都表现突出。因此，院长对于单云的工作表现也很满意。然而，渐渐地，关于单云的流言就传出来了，小护士们私底下都称呼她为"灭绝师太"。对此，单云有所耳闻，却难以改变自己完美主义的情结。她不但有完美主义情结，而且凡事都要求做到尽善尽美，这是典型的焦虑症症状。每次交代给护士们完成的工作任务，她总是要反反复复地检查好几遍，而且要再三询问和确认。为此，护士们都对她意见很大。在这种情况下，单云开展工作就增加了难度，与同事之间的关系也失去了曾经的和谐融洽。在年终的评选上，单云居然得票很低，这让对她的工作非常满意的院长大跌眼镜。在得知事情的原委后，院长语重心长地说："单云啊，当领导并非只要以身作则、认真严肃就行，还要学会与同事们搞好关系，让他们快乐地完成你交代的工作，达到你的标准。而且，生活总不会是'无菌'的，你也

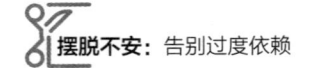

不要过于焦虑。只有放宽心，坦然从容，才能让这一切都水到渠成。"

院长的话，让单云陷入深思。她告诉自己："也许只有摆脱焦虑、学会放手的领导，才是真正的好领导，也才能真正适应这个管理岗位。"

从本质上来说，焦虑是对即将发生的威胁而产生的恐惧。焦虑是防御心理机制下的综合情绪，轻度的焦虑并没有明显症状，严重的焦虑却会影响人们的工作和生活，扰乱社会秩序。很多人还会因为焦虑而失眠，这就说明焦虑已经变得相当严重，必须引起足够的重视。在通常情况下，生活中的焦虑都是一过性的。如果你因为即将到来的考试而焦虑，等到考试结束就会觉得身心轻松；如果你因为婚礼即将举行而焦虑，那么等到婚礼结束后也会变得从容。由此可见，很多焦虑是因为某些事件即将到来而引发的，完全无须担心。

既然焦虑无处不在，我们与其因为焦虑而变得更加烦躁不安，不如坦然接受焦虑，淡定从容地应对焦虑。有心理学家认为，焦虑之于人，就像空气一样如影随形，拒之不能。但是焦虑又与空气有所不同，即焦虑会随着人们情绪状态的改变而改变。例如，当你心情愉悦时，焦虑会消失得无影无踪。相反，如果你心情烦躁、郁郁寡欢，则焦虑也会变本加厉，甚至侵占你的整个心灵。在了解焦虑的特性之后，聪明人当然不会放任焦虑肆意蔓延，而是会努力控制自己的情绪，也会遏制焦虑的发展态势。

▶ 心理小贴士

如果每个人都把心中的焦虑列成一个清单，那么全世界的人的清单一定能够围绕地球无数圈。毋庸置疑，每个人都有很多焦虑，甚至可以说生活就是一个又一个焦虑。既然如此，不要再抗拒焦虑，而要采取正确的态度面对焦虑，这样才能坦然从容地面对生活。

你是个易焦虑不安的人吗

对于焦虑，每个人都有不同的认识。如今，焦虑与我们之中的大多数人如影随形，而认识焦虑、辨别焦虑已经成为当务之急。有些人虽然总觉得自己状态不好，却不能清醒地认识到自己正处于焦虑之中。这种情况的发生有两个原因：一方面是因为人们对自我认识不足；另一方面是因为焦虑的表现形式因人而异，各不相同。那么，如何辨识焦虑呢？其实，焦虑是有很多可识别的症状的。

从本质上来说，焦虑是恐惧情绪的一种。因为对未知世界的恐惧，或者对莫名其妙出现的悲观情绪的恐惧，焦虑会变得更加严重。细心的人会发现，每当焦虑出现时，人们总是身处

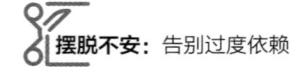

困境，如人们在陌生的环境中会焦虑、人们在对未来感到迷惘时会焦虑、人们不能如愿以偿时也会焦虑……总之，一切未知都会让人们焦虑。过度焦虑的人总是显得不合群，不愿意与亲人、朋友相处，更是时常歇斯底里。在这种情况下，一定要积极寻找医生或心理咨询师的帮助，从而借助医学或心理学手段排解焦虑。在通常情况下，焦虑是不易被觉察的。它就像喜怒哀乐等正常情绪一样，无法引起人们的警觉。只有在焦虑达到一定程度时，患者才会出现生理的反应，诸如失眠、心悸等。正因为如此，我们才更要认识焦虑，控制焦虑，对重度焦虑引起的疾病防患于未然。

眼看着前面的那么多人都已经进去面试了，小米突然间觉得自己头昏目眩，似乎要晕倒。公司负责接待的前台看到小米的样子，非常担忧地问："你有什么不舒服的吗？"小米摇摇头说："我可能是因为早晨没吃饭，有点儿低血糖。"前台端来一杯水递给小米，还细心地找来几块糖对她说："把糖吃了，如果是低血糖，马上就会好的。"小米喝了水，吃了糖，依然面色苍白。前台摸了摸小米的手，惊呼道："你的手心都是汗，而且你手很凉。"前台似乎知道了原因，笑着说："你是太紧张了。放心吧，今天负责面试的李总人很和善，即便对面试的人不满意，也不会故意为难的。而且，你看起来文文静静的，恰恰是李总喜欢的类型。只要你不紧张，正常发挥，应该是没什么问题的。"

经过前台一番认真细致的开导，小米觉得心里稍微轻松了一些。然而，她又想去洗手间方便，便拜托前台帮她留意面试进度，一路小跑就去了洗手间。看着小米的样子，前台觉得很好玩儿，仿佛看到了自己刚刚走出校园四处求职时的窘迫样子。

毫无疑问，小米已经因为对面试的紧张不安陷入了焦虑，但是她浑然不知。在很多情况下，我们会把身体的不适归于很多原因，唯独忘了焦虑也会引起不适。如果我们能够准确辨识焦虑，对其加以及时的排遣和消除，那么情况一定会有所好转。

消除焦虑的方式有很多，如想一想让自己开心的事情，暂时转移注意力，或者与身边的人聊些轻松的话题，让紧张的心情放松下来。当然，也可以吃几口随身携带的小零食，有些人就喜欢通过咀嚼口香糖来缓解焦虑。一旦我们认清了焦虑的真面目，消除焦虑就会变得更加容易。但是，千万不要因为不识焦虑的真面目，就错误理解身体和精神释放的信号哦！

▶ 心理小贴士

在漫长的一生之中，我们总会遇到形形色色的困境和难题。最让人无计可施的是，在这些困境和难题中，有些问题并非努力就能解决的。在这种情况下，人们会陷入焦虑，导致自己情绪焦灼不安，甚至失控。实际上，生命就像是一条

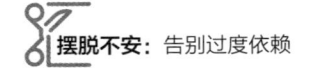

河流，我们只有坦然接受河水的流向，才能顺流而下，减少焦虑。而面对焦虑，千万不要讳疾忌医，和身体的病痛一样，焦虑也是不得不医治的精神上的病痛。唯有正确面对，才能及时将其消除。

做个受欢迎的人，淡化你内心的不安

在现代社会，人际关系已经成为人们生活和工作中至关重要的头等大事。在越来越强调情商的今天，人们坚信只有超高的智商和超强的专业技能是远远不够的。既然整个时代都要求每个人必须学会相互团结协作，那么我们也不例外。要想在生活中与人为善，要想在工作中受人欢迎，我们必须学会处理人际关系，成为处处受欢迎的人。否则，即使你学历再高，能力再强，如果在工作中处处受到其他同事的排挤，也是不可能如愿以偿地得到大家认可的。

因为吃过社交的苦头，有些不善言辞或者不擅长与人打交道的人，就莫名其妙地患上了社交恐惧症。他们害怕与他人说话，不敢与很多人一起相处，甚至在看到陌生人时会面色潮红、心跳加速。对于这样的情况，尽管他们自己也觉得很难堪，也想尽力改善，但是毫无办法。因此，他们在人际关系中陷入恶性循环，即越是想要努力地改善人际关系，就越是把人

第三章 洞悉内心：你的过度依赖行为，源于内心的不安

际关系变得更糟糕，导致自己根本不敢再对任何人际关系怀有奢望，甚至采取逃避的态度。如此一来，何时才能变成处处受欢迎的人呢？而且，由社交恐惧引发的焦虑也必然日益严重。

在通常情况下，患有社交恐惧症的人越是在热闹的人群里，越是觉得如坐针毡，甚至产生想要逃离的冲动。

豆豆是个非常内向害羞的女孩，早在读初中时，她就很少与班级里的同学交往，只与一两个女生关系亲密。后来在大学，因为爱读书，豆豆更是每到周末就泡在图书馆里，从来不会与同学们一起出去玩。豆豆怡然自得，丝毫不觉得自己有何另类之处。然而，自从参加工作之后，豆豆就开始陷入苦恼，表现出严重的不适应。起初，她在办公室里一天也不说几句话，大家都当她是哑巴，渐渐地豆豆越来越觉得苦恼，因为每个人看她的眼神都怪怪的。后来，随着工作的深入，需要与其他同事或者部门合作的工作越来越多，豆豆也因为沉默寡言、不善言辞而错过了很多机会。对此，她非常苦恼，简直不知所措，甚至因此而失眠、烦躁。

在咨询心理医生后，豆豆意识到自己患了社交恐惧症，因而陷入焦虑的情绪中。在心理医生的建议下，豆豆先是从接触陌生人开始。她鼓足勇气在商场、超市等地方，与陌生人搭讪，极力克服自己的恐惧心理。接下来，她还尝试着与某一个人拉近关系，从而渐渐地能够接受他人。如此循序渐进，当豆豆能够坦然面对人群时，她的焦虑也不治而愈了。如今，充

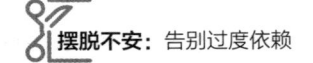

满自信的豆豆出现在人群中，谁也无法将她与之前那个胆小怯懦的女孩联系在一起了。随着焦虑的消除，她也越来越乐观开朗，脸上总是挂着笑容。

心若改变，一切都会随之改变。这一点，不但适用于人生，也同样适用于我们日常琐碎的生活和工作。在这个事例中，豆豆因为性格内向、压抑而受到大家的冷落，导致工作也受到影响，甚至正常的作息时间也被扰乱。幸好，豆豆还能意识到应该及时咨询心理医生，从而正确了解焦虑现象，最终成功克服社交恐惧症，也把焦虑赶走了。

人是群居动物，任何人都不可能脱离实际生活。因此，没有人能够真正地在现代社会做到离群索居。当那些话语向我们铺天盖地地席卷而来，当周围的人们以怀疑的目光看着我们时，我们一定会觉得如坐针毡。与此相反，当我们在人群中处处受欢迎、如鱼得水时，我们一定会更加自信，也更加快乐。

▶ 心理小贴士

社交恐惧症并非没有任何原因和征兆就会出现的。在通常情况下，那些不擅长人际交往的人，更容易患社交恐惧症。人是群居动物，每个人都希望自己能够拥有一个圈子，并且在这个圈子里如鱼得水、游刃有余。当这个愿望越来越强烈，现实却与憧憬相差十万八千里时，社交恐惧症也就随之产生。如果你为此而焦虑不安，社交恐惧症就会加剧，使你不知所措。

患有社交恐惧症的人往往特别敏感,哪怕别人一个不经意的举动,都会在其心里引起波澜,从而导致其更加焦虑。因此,我们要想摆脱社交恐惧症引起的焦虑,就一定要让自己成为处处受欢迎的人,这样才能增强自己的社交信心。

化压力为动力,化不安为坦然

毫无疑问,在一切都飞速发展的现代,几乎每个人都生活在重重压力之下。不管是全职照料孩子及家务的家庭主妇,还是在职场上打拼的家庭顶梁柱,不管是正在读书的孩子们还是已经退休的老人,纯粹的、毫无负担的快乐已经不复存在,每个人都各司其职,肩负着自己生活的重任。家庭主妇的一天虽然与职场工作无关,但是也异常忙碌,不但要照顾全家人的饮食起居,还要关心和辅导孩子的学习,更要打扫卫生收拾家务;作为家庭生活的顶梁柱,男性显然也压力很大,他们不但要维持全家人的开支,还要承受巨大的工作压力;孩子呢,和几十年前无忧无虑地快乐玩耍的孩子们相比,在这个一切都靠拼的年代,很多孩子从未出娘胎时就被安排好了拼搏之路;即使是退休的老人也不能安心地颐养天年,照常需要为子女贡献自己的力量……这一切,都是无穷无尽的压力。倘若我们觉得生活本就艰难,那么这些压力会让我们变得非常痛苦,甚至感

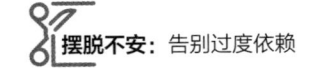

到喘不过气来。然而，无论我们以怎样的状态面对压力，都不能改变现状。因此，与其痛苦地面对压力，不如积极主动地拥抱和改造压力。当你把压力转化为动力，你心中因为压力而产生的焦虑也会随即烟消云散。相反，你甚至会觉得全身充满了力量，就像一个原本能源耗尽即将散架的机器人，在经过足够时间的充电和机油的润滑之后，满血复活一样。

显而易见，要想扛住压力，仅凭着精神上的一鼓作气是不够的。现代社会很多人都因为压力倍增，导致身体陷入亚健康状态，不但神色萎靡，而且体力也大不如前。在这种情况下，我们必须首先保证自己有强壮的体魄和健康的状态，然后才能奋起作战，扛住压力。在身体健康状况良好的情况下，我们才有余力保护自己脆弱的心灵。与肉体相比，心灵显得更加脆弱。虽然心灵依附于肉体而存在，却是支撑人们精神大厦的重要支柱。尤其是当人们的心中杂草丛生时，焦虑也就见缝插针，如影随形，挥之不去。由此可见，我们必须更好地面对生活中的重重压力，化压力为动力，才能赶走焦虑，还自己一片清净明亮的天空。

在北京工作的80后小尹简直是个"拼命三娘"。她大学毕业后来到北京，成为一名计算机编程人员。虽然大多数同事都是男性，但是作为为数不多的女性程序员，小尹巾帼不让须眉，也是经常熬夜加班。对此，很多男同事都劝说小尹不要这么拼，毕竟是女孩子，将来找个有实力的男朋友一切就解决了。然而小尹自己知道，她出身农村，父母至今依然在农村面朝黄土背朝天，因而她只能拼，而不能依靠任何人。

上个月，全公司都在全力加班，虽然上司念及小尹是女孩子，因而给了她早些下班休息的特权，但是小尹不甘落后，和男同事们一样通宵编写程序。果不其然，没过多久，小尹就病倒了。这一病，让她元气大伤。看到前来探望的同学，被同学埋怨为何如此拼命，小尹的眼眶红了，说："我家是农村的，父母都在受穷，砸锅卖铁才供我读完大学，我不拼又能怎样呢？"同学气急败坏地说："你呀，就是榆木疙瘩脑袋。家里再穷，你也不能让自己被压力压死吧，工作的目的是更好地生活，不是为了结束生活。要是你能把压力化成动力，把每天的工作和生活都安排好，保护好'革命的本钱'，岂不是更好嘛！你这样透支体力，只会让事情变得更加糟糕。要是你父母知道，该多么心疼你呀！更关键的是，这样并不能解决问题呀！"同学走后，小尹躺在病床上思索了很久，终于认清了问题的本质：是啊，我为什么不能把压力转化成动力呢！要是每天都充满力量地面对工作，一切不是会更好嘛！想通其中的道理后，小尹不再当"拼命三娘"了。她把力气更合理而有节制地使出来，对时间也进行了合理安排，果然，效率非但没有降低，反而大大地提高了。如今的小尹，不再觉得自己被压力压得喘不过气来，而是觉得自己充满了动力，而且每一天都充满了希望。

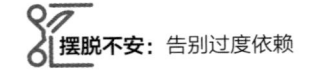

在这个事例中，小尹此前一味地记着压力，最终把自己压垮了。幸好同学的点拨，让她意识到这暂时的拼搏并不能解决根本问题，唯有调整好身体和心理的状态，细水长流，才能让这一切更加长久可靠。不仅小尹需要如此，生活中那些时刻背负压力而片刻不敢休息的人，也应该进行如此深入且理性的思考，为自己的人生找到合理且长久的道路。

现代社会，几乎每个人都感受到了巨大的压力。但是，我们一味地把压力挂在嘴边，非但于事无补，反而让我们身心俱疲。因此，我们必须合理分担压力，将其转化为持续的动力，最终才能实现自己的梦想，得到自己想要的生活。

▶ 心理小贴士

很多时候，压力并非来自外界。外界的各种因素，实际上只是压力的诱因，压力产生的根本原因在于我们的内心。人们对于金钱名利等身外之物，总是难以取舍，犹豫不决。在这种情况下，压力便产生了。此外，陌生的环境也会给我们带来强大的压力，毕竟人是群居动物，习惯于在自己熟悉的环境中生活与工作。如果一个人适应能力很强，则在面临陌生的环境时压力就会小一些，反之则压力很大。

人生起起伏伏，你需要顺势而为

对于生活，每个人都有自己的渴望和希冀。很多人都会在生活中描画自己未来的情形，并且希望生活能够按照自己规划好的路径前进。然而，现实情况是，生活总是充满了未知，带给我们的或者是惊喜，或者是惊吓，也或者是平淡如水。无论生活如何改变，每个人要想享受生活、拥抱生活，就必须学会顺势而为。当生活的天空下雨，你就撑起雨伞，不必为了阴雨连绵而哭泣；当生活的天空艳阳高照，你不妨借此机会晾晒心情，尽情享受，无须担忧未来会不会下雨；当生活的天空，既无风雨也无晴时，你应该照常读书、学习和工作。因此，既然生活不可预料，我们就不能抱怨更不能焦虑，而应该顺其自然，坦然接受。

现代社会，不管是精神文明还是物质文明，都进入了高速发展的时代。因为生活节奏的加快，也因为工作压力的增大，人们的心理问题也越来越多，其中最广泛的就是焦虑问题。如今，焦虑已经成为非常普遍的一种社会现象，不管是高层的社会精英，还是普通的上班族，甚至尚未踏入社会的学生，几乎没有人能够摆脱焦虑的困扰。焦虑就像一场重感冒，是很容易扩散和传播的。要想避免焦虑无限蔓延，我们就要更加读懂焦虑的本质，不要与生活背道而驰。不管命运赐予我们的是什么，我们都应该坦然接受。只有顺势而为，才能避免过度挣扎

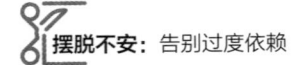

导致的伤害。

人到中年的马波失业了。他女儿今年三岁，刚好开始读幼儿园，每个月都要多出几千块钱的学费开支。而且，他前一年刚换了房子，因此，他每个月还要承担近万元的月供。如此一来，他突然间觉得人生晦暗无光，似乎一切都失去了希望。因此，马波整日在家蒙头大睡，还时常喝得醉醺醺的，觉得人生毫无方向。对于马波的状态，妻子刚开始时并没有感到过分担忧，她什么都不说，只想给马波一个缓冲发泄的时间。然而，一个星期过去了，马波的状态依然没有改变，妻子不得不发声了。

一个周五的晚上，妻子做了一桌子的好菜，说：“明天就周末了，今天晚上咱们好好喝一杯吧。”酒过三巡，妻子先安排好孩子睡觉，然后又与马波推杯换盏。这次，他们夫妻二人在醉意中彼此敞开心扉，交谈了很多平日里不曾提起的话题。最后，妻子说：“我想，人生总是有时风雨、有时晴的。我们应该坦然接受，工作丢了没关系，还可以再找。只要咱们一家人在一起和和美美、高高兴兴、平平安安的，一切都会好起来的。”听了妻子的话，马波感动地流下眼泪，说：“放心吧，我会振作起来的。我还有你和女儿，我很富有，我也肩负着责任。”接下来的一个多月里，马波每天都在四处奔波找工作，虽然因为年纪大了而处处碰壁，但是他毫不气馁。最终，马波找到了一份十分理想的工作，不仅工资比以前高，而且福利待遇也比以前更好了。

很多时候，我们喜欢和命运较劲儿，因为不知道命运的洪流到底会把我们冲到何方。然而无论如何，当我们试图强行抵抗命运的安排时，我们的生活就会变得更加糟糕。既然很多事情一旦发生便不可更改，与其抱怨或者悲泣，不如鼓起勇气，乐观坦然地接受和面对。

在很多情况下，我们之所以焦虑，正是因为对于自己的生活过度期待。正如人们常说的，希望越大，失望越大。当我们怀着适度的期待，则一定不会陷入过度的焦虑。很多人都喜欢给自己制订过高的目标，似乎只有目标远大的人生才能与众不同。而实际上，过于远大的、可望而不可即的目标往往会让人坠入无边的焦虑之中。唯有更好地面对未来，憧憬未来，我们才能从实现目标的喜悦中得到自信和满足。

▶心理小贴士

近几年，整个社会都处于高速的发展之中。因此，我们必须调整好自己的生活和工作的节奏以适应社会的发展，也应该从自身的实际情况出发，更好地规划人生，这样才能最大限度地帮助自己摆脱焦虑。不管我们是处于社会的金字塔尖，还是处于社会的最底层，我们都应该脚踏实地地前进。当你能坦然地对待成败时，你对待人生也必将更加豁达。

总是焦躁不安，人生哪有快乐可言

提到焦虑，很多人的态度两极分化，有些人觉得焦虑不值一提，有些人则觉得如临大敌。实际上，适度的焦虑的确没有什么危害，甚至还能刺激当事人提起精神和兴致，更加努力和上进。然而，当焦虑越来越多郁结于心，就会遵循量变引起质变的规律，引发本质的改变，甚至给人们的生活和工作带来极大的困扰。在这种情况下，我们就要及时排遣焦虑的情绪，疏导自己的心理问题，从而让自己更加积极主动地面对人生。

心理学家通过丰富的案例发现，很多有心理障碍的人，其产生心理障碍的根本原因就是很多年前的不幸遭遇。当时，这个遭遇一定给他们带来了严重的心理创伤，而且即便时隔多年，也依然在他们心里盘桓，无法消除。很多人都以为自己能够忘却那些不幸，能够更乐观地面对生活，但是实际情况是，他们在潜意识里依然受到那些伤害的影响，甚至他们数年后的生活和工作也会因之发生改变。正如人们常说的，"一朝被蛇咬，十年怕井绳"。在很多情况下，肉体上的伤痛可以消除，但是精神上的创伤却难以愈合。每当生活中发生与曾经的遭遇相似的情况，他们心里的伤口马上就会显现出来。由此可见，焦虑如果不能及时得到消除，一定会后患无穷。

林君自从几年前意外流产，失去了怀孕三个月的孩子，现在只要看到别人的孩子，就很羡慕。也许是因为过度紧张，她

第三章 洞悉内心：你的过度依赖行为，源于内心的不安

反而很难怀上孩子。虽然医生说她输卵管有些堵塞，只需要疏通就好，但是她做了疏通手术之后，依然不见动静。眼看着就四十岁了，林君简直心急如焚。

这次年会，林君是优秀员工代表，需要上台演讲。然而，临到上台之际，她又退缩了。原来，林君三年前之所以痛失孩子，就是因为穿着高跟鞋走上舞台时不小心摔了一跤。她突然想起当时的情形，心里控制不住地紧张起来。她甚至想：我现在有可能已经怀孕了，只是自己还不知道，万一再不小心摔一跤，那就糟糕了。想到这里，她焦虑不安，在后台走来走去，最终不得不央求同一部门的李姐代替她上台发表演讲。李姐也是一个妈妈，看到林君这个样子赶紧安慰道："小林，你肯定没怀孕的。要等到过了例假日期一周左右，胚胎才会在子宫里安家落户呢！你要放松，不要焦虑。而且，不会那么巧再摔跤的，你只是看到此情此景想起了当时的事情，所以难以自拔而已。只要放松心情，一切都不会发生的。"在李姐的安慰下，林君才渐渐恢复平静，她知道如果自己这次迈不过心里这道坎儿，那么以后就总会在阴影下生活。因此，她鼓起勇气走上舞台。这一次，果然什么都没有发生。林君松了口气，感到自己终于突破了心底的障碍。

在这个事例中，林君因为着急想要孩子，所以陷入焦虑的情绪。面对再次登台演讲，她不由得想起此前痛失孩子的悲惨经历，不由得心有余悸。幸好，李姐作为妈妈非常理解林君的

心情，在第一时间帮助她缓和情绪，疏通心绪，最终让林君意识到舞台和失去孩子这二者之间，并没有必然的联系。这次超越自我的经历，让林君彻底解开心结，从而在未来的日子里轻松地面对生活和工作。

很多人都会情不自禁地将悲惨的遭遇与现在的情形、人或事联系起来，由此导致每当遇到相似的情形、人或事，就会不由自主地想起曾经的悲惨遭遇。正如鲁迅笔下的祥林嫂，因为孩子被狼叼走了，她逢人就说这段悲惨的经历，却没有人同情和帮助她，使她最后变得疯疯癫癫。如果有人及时帮助祥林嫂疏通情绪，不要让悲伤和焦虑在她的心中积聚，也许一切就不至于那么糟糕。总之，人的心理承受能力也是有极限的，当心中的那根弦突然断掉，精神的大厦就会轰然倒塌。由此可见，对于重重焦虑，我们必须及时排遣，尽早消除，从而杜绝后患。

▶ 心理小贴士

人的生命力是非常顽强的，但也是特别脆弱的。在我们的一生之中，情绪并非总是表现得积极正向，有时也会产生负面作用。毫无疑问，愉悦的情绪能够激发我们心底的全部能量，让我们更加轻松自如地面对生活。相反，消极悲观的情绪则会让我们变得无比沮丧，甚至失去对生活的信心和信念。由此一来，我们只有及时排遣负面情绪，诸如焦虑、悲观、绝望等，才能使生命之舟扬帆起航。

第四章

良性互动:绝不因内心不安而纠缠朋友

人生在世,不可以没有朋友的陪伴。人是群居动物,每个人都需要在人群中找到属于自己的位置,才能更好地与他人交流,才能更好地展开生活。任何时候,当我们能够与他人进行友好的交流,也就能够帮助自己拥有美妙的心情。而且,随着友情的增多和加深,我们的焦虑也会消失于无形。朋友一生一起走,这些日子很重要。

大胆走出去，克服社交恐惧症

所谓社交恐惧症，顾名思义就是对社交的恐惧，这是一种超越正常恐惧范围的病态心理。患有社交恐惧症的人，在与他人相处时总是精神紧张，不知所措。严重的社交恐惧症患者，根本无法做到像正常人一样在人群中生活，这使他们的生活、学习和工作受到严重困扰，甚至无以为继。

和害羞相比，社交恐惧症显然是更加严重的。它是一种心理障碍，不管是面对任何人，社交恐惧症患者都觉得紧张不安，甚至因此想要逃避。患有社交恐惧症的人，极度缺乏自信，而且深陷自卑的泥沼中无法自拔。他们不愿意与其他人相处，觉得每个人都在用怀疑和质疑的目光看着他们，因而他们恨不得整日躲在家里，哪儿也不去。然而，人是群体动物，难免要与其他同伴打交道。在这种情况下，社交恐惧症患者会想出各种各样的借口来逃避人群，也逃避自己的内心。在社交恐惧症患者中，有很多人嗜酒，沉迷于毒品，或者采取其他方式逃避社会和人群。

那么，到底怎样才能克服社交恐惧症呢？遗憾的是，生活中有很多社交恐惧症患者都被误诊为其他心理疾病，最终

第四章 良性互动：绝不因内心不安而纠缠朋友

导致病情延误，越来越严重。因而，我们要想克服社交恐惧症，首先要正确认识社交恐惧症，不要对其谈虎色变。我们只有采取科学的态度正确对待社交恐惧症，才能帮助自身认识了解社交恐惧症，从而采取正确的方式和方法治疗社交恐惧症。然而，有些人在生活中总是讳疾忌医，不愿意去看医生，尤其是心理医生，他们似乎认为只有精神病患者才需要与心理医生打交道。殊不知，每个人或多或少都有心理问题，我们应该把看心理医生当成是正常的事情，千万不要为此而觉得难堪或者尴尬。

大学毕业之后，李强没有及时找到工作，渐渐地越来越少出门，直至足不出户。看到李强这样的状态，父母非常担心。也因为他们都在大学里教授心理学，所以第一时间就带着李强去看了心理医生。果不其然，李强得了社交恐惧症。他觉得自己没有找到工作，肯定会被他人无情地嘲笑，深刻地挖苦，使他痛苦不堪。在得知李强的病因之后，医生对症下药，很快就给李强制订了治疗方案。既然李强的痛苦是从找不到工作开始的，医生首先帮助他认识到大学毕业生找工作难的现状，接着又告诉李强从客观上来看找到工作实际上并不难，只不过我们都想找到更好的工作，而对自己容易得到的工作机会不满意而已。他建议李强先不分高低贵贱，随便找份工作干着，只要能实现自身价值就好。而且，不管这份工作是高贵还是卑微，李强都要如实告诉他熟识的每一个人。就这样，李强找到了一份

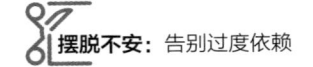

给大公司当前台的工作。他刚开始觉得很难为情，因为在通常情况下，这样的职位都是女孩子在负责，但是李强还是遵循医生的意思，坦诚地告诉大家。渐渐地，他不再觉得自己工作卑微，很丢人了。后来，李强换了一份很好的工作，变得越来越自信，社交恐惧症也随之烟消云散了。

大多数社交恐惧症患者害怕与他人接触的最重要原因就是缺乏自信。他们从未拥有充分的自信，而总是觉得自己得到的一切都名不副实。因而，找到患者害怕社交的原因，是彻底消除社交恐惧症的关键所在。所谓"心病还须心药医"。我们只有真正走入社交恐惧症患者的内心，才能帮助他们战胜心魔。

需要注意的是，有些人明知道自己患有社交恐惧症，却无法很好地控制自己。在这种情况下，就需要借助于外力的作用，帮助自己恢复自信。有的时候，我们可以与好朋友结伴而行，一起出席人多的场合，这样能够有效缓解心里的紧张，帮助我们治疗社交恐惧症。还有些时候，我们可以通过化妆等手段来掩饰自己的面部变化，从而让我们的内心恢复平静坦然。总而言之，社交恐惧症并不可怕。只要我们端正态度，从容应对，就一定能够战胜社交恐惧症，让我们的生活步入正轨。

▶ 心理小贴士

很多人之所以感到恐惧，是因为他们内心深处过多地关注自己。他们以为自己的一切都备受瞩目，因而每当出现在人多的场合时,就感到万分不安。在这种情况下,我们应该学会看轻自己,因为每个人生活的重点是自己,而不是他人,当你不过分看重自己,也就没有人会始终盯着你的生活。既然如此,你的些许变化又有什么要紧呢!告诉自己:我其实并没有想象中那么引人瞩目。

良性互动,让交流变得轻松愉悦

在人类社会的生活中,交流作为必不可少的一项,日益受到重视。原本,人们应该从交流中取得共鸣,获得他人的认可和尊重,也满足自己的心理需求。然而,偏偏有些原本应该愉悦的事情成为痛苦的源泉,给人们的生活带来无穷无尽的折磨。例如,有时我们与同事进行交流,偏偏陷入莫名的恐惧之中,导致交流无法顺利进行下去而成为一种折磨。当这时,我们应该怎么办呢?

很多人不适应人多的场合,尤其是让他们在公开场合讲话,简直是难上加难;有些人感情内敛,不善于和亲近的人诉说真情,导致对方不得不靠猜测来了解他的心思;还有些人想让老板给他升职加薪,却不知道如何开口;也有些人就是不爱说话,无论如何都不喜欢表达心声……不管出于哪种情况,交流都失去了愉悦的成分,只剩下难堪、尴尬和折磨。每当这时，我们就应该想方设法使交流变得轻松简单。例如，害怕在公开场合讲话的人可以锻炼自己的表达能力，让自己变得勇敢自信；不敢和亲近的人诉说真情的人，更应该认识到表达情感是很美好的事情，不要心生抵触；有些下属不知道如何让老板给自己升职加薪，其实，想要升职加薪也是有技巧的，说得巧妙，让老板高兴，才能如愿以偿；还有些人不喜欢表达心声，那是因为他们还未感受到顺畅沟通带来的乐趣……只要把这些问题全解决掉，交流就会变得轻松愉悦，让人快乐。

每到年终总结时，同事们总是几家欢喜几家愁。大多数人渴盼着升职加薪，悦悦也是如此，但是她不知道应该如何张口。悦悦是个很腼腆的女孩子，她总是逆来顺受，工作上勤勤恳恳。然而，她的妈妈因为脑溢血偏瘫，导致家里的经济负担突然加重。今年年终，她无论如何也要为自己争取加薪，否则就只能换工作了。到底怎么说呢？思来想去，悦悦决定破釜沉舟，说个明白。既然面对老板总是面红耳赤，那么不如就借助年终总结的机会表达心声吧。悦悦上学的时候就很擅长写作文，感情和文笔都很细腻，因而她决定发挥自己的特长，把自己的渴望写出来，也把自己的困难摆出来。

和大多数年终总结一样，悦悦首先总结了自己一年之中在工作上的得失。接着，她又说："过去的一年我成长了很多。先前，我只是一个无忧无虑的乖乖女，现在，因为母亲突发脑溢血瘫痪在床，我变得成熟和有担当。我想，这样的品质对于我的工作也起到了积极的作用，因为我再也没有抱怨过工作的劳累和忙碌。我想，妈妈每个月雇用保姆都需要花费很多的钱，还要吃昂贵的药物，所以我必须更加努力，争取升职加薪，这样才能在来年继续在熟悉的环境里工作和生活，才能心无旁骛、全心全意地投入工作。放在以前，母亲一生病我就会请假，但是这段时间里，我知道自己非常需要钱，因而一边工作，一边在休息时间照顾母亲。虽然感到疲劳和心力交瘁，但是也明白了更多的人生疾苦，也知道了生活的不易。我想，在未来的一年里我必然更加成熟，更快地进步，唯有如此，我才能成为父母的依靠，也才能成为公司里的中坚力量……"

如此洋洋洒洒的一篇年终总结，让悦悦把话都说到领导的心坎儿里去了，面对悦悦去年的全勤记录，领导知道这个柔弱的小姑娘一定付出了很大的努力，才能真正克服困难，坚持工作。因此，领导自然而然地把悦悦列入加薪的行列，这不但为悦悦解除了后顾之忧，也让悦悦感受到了领导的认可。这就是有效沟通的魅力。

如果沟通不"通"，我们要做的就是想办法改善沟通，保持沟通的畅通。很多时候，我们只要沟通到位，就能让一切事情都迎刃而解，也能改善与他人之间的关系，让彼此更加宽容、理解对方。

▶ **心理小贴士**

　　任何人生活在这个社会上，生活在人群之中，都必须具备沟通的能力。沟通，是连接人们心与心的桥梁，也是人们互相信任的纽带，更是一切人际交往的基础。只有把握好沟通的技巧，准备好沟通的各项条件，我们才能更好地与他人沟通，从而与他人和谐融洽地相处。

换了新角色，如何在最短的时间内适应

　　现代的职场，除了专业的技术和研发人才，对于大多数职场人士而言，最重要的已经不是能力和专业，而是人脉。很多人虽然能力超强，业务知识也很丰富，但是如果不能很好地处理人际关系，也依然会被同事排挤，无法在职场上取得长足的发展。尤其是对于人员变动频繁的公司而言，一个职员要想更好地站稳脚跟，就必须非常灵活地处理人际关系。尤其是在升职之后，在短时间内得到上司的认可和下属的接纳，则显得更为重要。因而，我们一定要灵活机动，这样才能迅速适应新角色，以最快的速度打开新局面。

　　大学毕业后，天宇进入一家报社工作。这家报社工作比较轻闲，因而很多员工都是"当一天和尚撞一天钟"，轻轻松松

第四章 良性互动：绝不因内心不安而纠缠朋友

地度日，只要能拿工资就好。刚刚毕业的天宇有满腔热血和豪情，根本没有意识到大多数人的心态。看到报社里的马姐凭着每个月能给报社拉来几则广告，就被大家捧着，他觉得很不服气。归根结底，报社要生存要发展，肯定要与时俱进。因此，天宇决定大展宏图，尽快做出点儿成绩来。

怀抱着伟大的梦想，天宇每天都外出寻找新闻热点，还四处给报社拉广告。一个偶然的机会，他得知有位公益人士要往西藏运送募捐的冬衣，因而与主编申请跟随车队一起去西藏。主编欣然应允，归根结底，主编还是希望把报社搞得风生水起，以改变现在死气沉沉的局面。一个星期之后，天宇风尘仆仆地回来了，带回了大量的独家专访。这几篇系列报道刊出之后，的确引起了社会的广泛关注，但是让天宇奇怪的是，他似乎成了全报社同事的公敌。尤其是在主编大力夸赞他、将他树为榜样，并且号召大家都向他学习时，同事们全对他怒目而视。有一次，天宇还听到有同事在背后议论他，说他心机颇深，不可小视。天宇觉得很委屈，也因为在报社里处境艰难，只得选择了辞职。

毫无疑问，天宇是一个非常有理想、有抱负的热血青年。然而，他有些急于求成，所以犯了冒进的错误。很多年轻人都和天宇一样，觉得进入一家新单位，首先是要表现自己，获得领导的认可。其实不然。任何单位都是一个小小的社会，我们要想在其间生存，最重要的就是先站稳脚跟。你如果不能很好

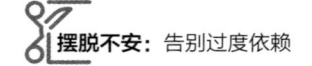

地融入周围的人群中，而一味地只想表现自己，那么你就会遭到同事们的嫉妒和排挤，导致自己处境艰难。在任何情况下，我们要想做事情，首先要做好人。而在单位里，那些性格各异的同事，就是我们必须面对的人。我们无论多么想要出人头地，都不能触犯同事们的利益，更不能给予他们压迫感和紧张感。否则，我们就会遭到他们的集体排挤，甚至是打压。唯有处理好错综复杂的人际关系，我们才能心无旁骛地工作，也才能获得长足的发展。

人在职场，做好分内的工作固然重要，但是处理好同事之间的人际关系更加重要。试想，当单位里的每个同事都处处针对你，你又如何能全心全意地面对工作呢？只有与环境和谐地融为一体的人，才能如愿以偿地获得每个人的认同和支持，当开展工作时也会事半功倍，如鱼得水。

▶ 心理小贴士

每个人都需要适应自己的新角色，从大学校园到工作单位，从普通的小职员到中高层领导，从不谙世事的小男孩到丈夫和父亲，从娇滴滴的小女孩到妻子和母亲……在我们的一生之中，会面临许多次角色的转变。我们唯有及时调整心态，以恰到好处的态度扮演好自己的新角色，才能与他人更加和谐、融洽地相处。

如何沟通才能实现积极效果

所谓沟通，是人与人之间实现交流的桥梁。沟通的方式有很多种，可以面对面用语言表达心声，也可以鸿雁传书，在通信技术这么发达的现代社会，更可以用网络手段传情达意，如微信、QQ、微博等。这些手段，使得现代人之间的沟通变得方便快捷、随时随地，不受丝毫阻碍。然而，人们彼此之间的心灵沟通并未因为现代通信技术的发达而变得畅通，反而由于生活节奏的加快和工作压力的增大，人们之间的交流面临着更多困扰和阻碍。在这种情况下，如果沟通未"通"，应该怎么办呢？

在通常情况下，沟通未"通"，有很多方面的原因。如沟通前准备不够充分，沟通过程中不能做到随机应变，或者沟通时语言表达不够清晰，甚至是未经思索就说出了很多不得当的话，导致彼此产生误解等。因此，要想保持沟通畅通，首先，我们应该防患于未然，避免沟通未"通"，在交谈时做好充分的准备，对沟通对象和场合有所了解。其次，我们应该寻找最佳的谈话时机。通常，谈话需要天时地利人和，气氛才能和谐融洽，说到他人的心里去，从而打开他人心扉，让彼此间坦诚相见。最后，我们需要注意的是，有些沟通未"通"的原因是，人们彼此之间观点不同，原则相悖，甚至对于某些事情怀有成见。在这种情况下，我们千万不要急于否定和批评他人，

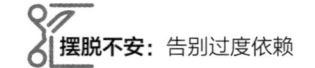

因为没有人愿意被否定和批评，所以这么做只会使他人彻底关上心扉。正确的做法是，先对他人的观点表示认同和理解，再寻找合适的机会说出自己的想法，从而博取对方的认可和理解。当感情变得融洽，彼此惺惺相惜，很多观点原本背道而驰的人也会产生一定的共鸣，甚至惺惺相惜。

张晴和海涛结婚时，完全是裸婚。不但没房没车，也没有婚纱和钻戒，甚至迎娶新娘子的车也只是一辆普通的出租车，简直寒酸至极。但是张晴从未后悔嫁给海涛，因为海涛勤奋踏实，非常有事业心，也很有责任心，是个不可多得的好男人。唯一让张晴郁闷的是，海涛和她说话总是心不在焉，有的时候明明瞪着眼睛在听她说话，却偏偏没有理解她的意思。

这不，张晴晚饭时告诉海涛："咱们回趟老家吧，大概需要3000块钱。家里的舅舅老了，大姨也老了，得去看看。"海涛不置可否，张晴以为他默许了。不想，当几天后张晴收拾回老家的衣服物品时，海涛下班回家，纳闷地问："你这是要去哪里？"张晴突然就恼火了："我不是好几天之前就告诉你要回老家了嘛！你怎么充耳不闻呐！现在就出发！"海涛不知所以，说："啊，你说过吗？我不知道哇！"为此，张晴气呼呼地说："你要是不想去也不用装聋作哑，我自己去！"说着，张晴拿起车钥匙，准备出发。海涛赶紧拦住她，张晴刚考下驾照不久，海涛可不敢让她独自开车回家。因而，海涛简单收拾了一下，就心甘情愿地当张晴的司机了。回家的路上，张晴依然不相信海涛不知道回家的事，但是海涛赌咒发誓，终于让张晴相信他是真的不知道。原来那天说话时，海涛正一边吃饭一边盯着电视呢，所以根本没有注意到张晴在说什么。事后，张晴了解到男人真的"来自金星"，而女人却是"来自火星"。很多时候，女人可以一心多用，比如一边吃饭，一边看电视，还一边聊天。但是男人却只能心无旁骛地干好一件事，或者吃饭，或者看电视，或者专心致志地聊天。此后，张晴知道了要想和海涛聊天，必须杜绝外界的干扰，否则一定无法如愿以偿地达到沟通的目的。想明白这一点，张晴也就掌握了和海涛沟通的秘诀。

沟通未"通"，有很多情况，如男人不可一心二用，这也是夫妻之间沟通未"通"的原因之一。在现实生活中，如果沟通不到位，就会产生很多的误解，导致人际关系产生危机。在这种情况下，我们首先要防患于未然，其次才是想办法让沟通更加顺畅。否则，生活中充满误解，人们一定不能轻松愉快地与他人进行交流。

▶ 心理小贴士

生活中的很多误解，都是因为沟通不到位。其实，不仅仅是相爱的人之间，即使是上下级之间，陌生人之间，都需要以沟通为桥梁，实现良好的互动。可以说，每个人每天都需要沟通。如果没有沟通作为桥梁，人与人之间就会成为完全独立的

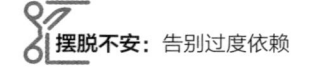

个体，很难产生关联。因而，我们必须提升自己的沟通能力，牢牢掌握沟通技巧，让自己更加理智，坦然地面对他人，与他人建立良好的关系。

你不知道的是，害羞有时候一点儿也不可爱

提起羞怯这个词语，我们的脑海中情不自禁地出现"犹抱琵琶半遮面"的娇羞和风情万种。殊不知，害羞虽然可爱，但是在现代社会却往往给人带来烦恼。和上百年前的"女子无才便是德"不同，现代社会的女子必须非常努力，而且要和男人一样在社会上打拼，才能为自己争得一席之地。如果说古代女子只要上得厅堂、下得厨房就是极致，那么现代社会的女子仅符合这两项显然不够，她们不但要照顾家庭，还要拥有超强的能力，从而在职场上实现自身的价值。因而，害羞的女子依然可爱，却也会在生活中遭遇很多困境和烦恼。

从心理学的角度来说，过度的害羞是一种心理障碍。害羞分为很多种，从轻重的程度来看，有些害羞属于轻度的，它仅限于自己知道，他人无从得知；有些害羞是中度的，会有异常的行为表现，如脸红、结巴、犹豫等，能够为他人所感知；最严重的害羞是重度的，表现出极度的不安、恐惧，当事人甚至想要逃离。重度的害羞会给当事人的生活带来严重的困扰，

第四章 良性互动：绝不因内心不安而纠缠朋友

甚至使其无法正常地生活下去。这样的害羞，会带来无穷的后患。尤其是面对人生的很多第一次，害羞的人总是比正常人要付出更多的努力，投入更多的信心和勇气，才能勇敢地迈出决定性的一步。不过，大多数人都是面对陌生人或者陌生的情境才会害羞。在熟悉的人中，他们害羞的状况会极大改善，甚至消失得无影无踪。因而，要想避免害羞，我们首先应该做好准备工作，这样才能尽量减轻害羞的状况。

在一切都进入快节奏的今天，已经没有太多的时间给人们害羞。很多好机会转瞬即逝，我们唯有落落大方地做好准备，才能抓住这些机会。否则，人生就会陷入无穷无尽的等待，再也没有扭转乾坤的好机会。尤其是在职场上，有些人明明能力很强，却因为害羞而略有犹豫，导致与千载难逢的好机会失之交臂。其实，害羞并非不可战胜，最重要的在于我们要摆正心态，满怀自信，在必要的时候还应该锻炼自己面对很多陌生人的能力，从而彻底改善自己的害羞状态。

哈桑非常害羞，尽管是个身高将近一米八的壮汉，但是他心里却像小姑娘一样忐忑不安。尤其是在面对陌生人时，他甚至会面红耳赤，恨不得马上逃离。这种状态给哈桑的生活带来了很多困扰，他几乎从未通过任何形式的面试，因为紧张的情绪总是导致他说话磕巴不断，无法说出任何完整的话来。他现在从事的工作是仓库管理员，工作任务是看管仓库，做好出入库的登记和管理工作。这个工作不需要和太多的人打交道，而

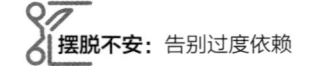

且很轻松，让哈桑觉得很快乐。然而好景不长，公司决定采取竞聘上岗的方式精简人员。为了继续得到工作的机会，哈桑必须战胜他的羞怯，与其他同事一样竞争上岗。为此，哈桑紧张不安，他不知道自己能否通过竞聘。

为了锻炼自己的胆量，当哈桑正巧要买一身运动服时，一向都是网购衣服的他决定去商场购买。出门之前，哈桑足足犹豫了半小时，他不知道如果遭到销售员的调侃应该怎么办，即使是善意的玩笑，他也不懂得如何回应。然而，哈桑只能坚定不移地去做。他鼓足勇气，离开家，朝着商场走去。

在销售员的询问下，哈桑结巴了很长时间，才指着一身藏蓝色的运动服说："我需要它。"销售员似乎看出了哈桑的窘迫，因而友善地笑着说："您真有眼光，这一款是今夏最流行的款式。"销售员的鼓励似乎并没有让哈桑放松下来，他反而更紧张了。他犹豫很久，才说出自己的尺码。销售员很快为他拿来了尺码合适的衣服让他试穿。当走进更衣室的那一刻，哈桑深深地吁出一口气，似乎获得了重生。就这样，哈桑总是抓住每一个机会勇敢地锻炼自己，他很清楚自己不能失去这份工作。一个多月过去了，在竞聘前夕，哈桑已经能够当着陌生人的面流畅地介绍自己了。这让他倍感欣慰，甚至信心满满，觉得自己一定能够竞聘上岗。

哈桑很害羞，他对自己的弱点心知肚明，因而总是竭尽全力地锻炼自己，因为他不能失去这份宝贵的工作。幸好，这个突如其来的变故让哈桑激发了自己的潜力，经过一段时间的锻炼，他果然不再那么害羞了。这是因为他迈过了自己心里的那道坎儿，知道一切羞怯都已经成为过去。

害羞就是这样，阻碍你的不是他人，而是你自己的内心。我们只要能够战胜自己的内心，就会变得勇敢，无论遭遇什么考验都能以最好的姿态面对他人。要想避免害羞的情况经常发生，我们不妨也学着哈桑的样子，主动出击，找机会锻炼自己的自信和胆识，从而帮助自己更好地对待未来的一切。

▶ 心理小贴士

人生没什么可怕的，我们的敌人就在我们自己心里。只要能够战胜自己，我们就会无往不胜。当你说话时不再脸红，做事时不再忐忑不安，你就能够避免害羞的情况发生，从而给自己更好的未来。

一呼百应是出色领导者的特质

在职业生涯中，每个人都有自己的角色，有些人穷其一生也依然是个小人物，没有过多出色的表现。然而，有些人天生就是个卓越的领导者，总是能够一呼百应，以独特的人格魅力把每一个人都紧紧地吸引住，使之围绕在他的身边。这就是优

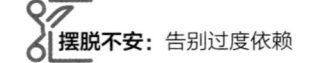

秀领导者的独特魅力。毫无疑问，每一个领导都想成为优秀的领导者，都希望自己能够做到一呼百应。遗憾的是，有些人天生就有这样的才能，有些人即便再怎么努力也达不到。

如何才能成为一个优秀的领导者，做到一呼百应呢？毫无疑问，一名优秀的领导者一定有其独特的人格魅力。纵观古今中外，但凡优秀的领导者都与众不同，能够吸引他人死心塌地地追随他。优秀的领导者总是目标明确，意志坚定；他们从不妄自尊大，也不妄自菲薄；他们客观公正地评价自己，认识到自己的能力，从而能够扬长避短，最大限度地发挥自己的才能；他们很善于与他人交流，总是能够在第一时间打开他人心扉，并且引起他人的强烈共鸣。因而，他们身边从来不缺朋友，更不缺少追随者。他们的人际关系异常广泛，各行各业，天南海北，几乎到处都有朋友。他们说到做到，言必信，行必果。虽然对待追随者的要求未免苛刻，但是他们总是身先士卒，因而能够得到大家的一致拥护和爱戴。他们总是以身示范，先做好要求别人的一切，再对他人提出要求，因而不管是追随者还是下属，总是对他们心服口服。由此可知，要想成为一名优秀的领导者，要想一呼百应，我们就首先必须做好自己，提升自己。

彤彤是个典型的"富二代"，因为父亲有钱，她从小就过着大小姐的生活，衣来伸手，饭来张口，从不为任何事情发愁。然而，长大之后，彤彤发现父亲想要培养她的哥哥作为家族产业的继承人，为此很不服气。既然女儿、儿子都是父亲的亲骨肉，为什么父亲就重男轻女呢！一气之下，彤彤决定自己开办公司，自主创业。

就这样，她用妈妈赞助的钱，开了一家公司，专门做写字楼的装潢与设计。所谓"初生牛犊不怕虎"，彤彤作为职场新人，真的是一鼓作气，接连拿下了好几个大项目。然而，在和下属相处的过程中，她却遇到了困扰。原来，彤彤是娇生惯养的公主，做事情从来都是依照自己的喜好任性而为。如今，她依然我行我素，却没有意识到即便作为老板，也要与下属打成一片，有合作共赢的意识。在很多下属接连离职之后，彤彤才意识到一定是自己的管理方法有问题，因而请教了很多前辈，也查阅了很多如何与下属相处的资料，最终认识到是自己的态度问题。为此，她改变态度，不再对下属颐指气使，而是经常向那些经验丰富的下属求教。每当节假日时，她还会豪爽地请所有员工聚餐。酒过三巡，她总是借着醉意说："在座的各位都是我的前辈，如果没有大家的帮助和支持，就不可能有今天的我。我这个人呢，脾气不太好，但是我愿意改，希望未来能和大家友好相处。我的原则是，工作归工作，生活归生活，工作上大家归我领导，平时休闲的时候大家就都是我的前辈。"彤彤的话让大家都哈哈大笑起来，原本心底里对彤彤的一点儿不满也都烟消云散了。从此之后，彤彤在下属面前一呼百应，不管提出什么建议，总是能够得到大家的一致响应和拥护。

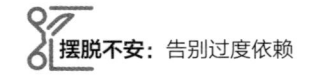

作为一个娇生惯养的"富二代",彤彤自主创业不缺乏资金,也不缺乏帮助,而唯独缺乏与人相处的技巧,尤其是与下属相处的技巧。和下属相处,既要有威严,又要平易近人;既要与下属打成一片,还要与下属保持适当的距离,从而树立威信。绝对是远了也不行,近了也不行,只有不远不近,才能合理掌控。因此,彤彤在很多下属相继离职之后,从自己身上找到原因,及时调整管理思路,最终做到恩威并重,帮助自己成功树立威信。相信彤彤只要把握好与下属相处的度,就能把公司发展得风生水起,自己的事业也会一帆风顺。

任何一个领导,即使能力再强,也不可能凭借一己之力做好所有的事情。任何人,都必须与团队力量相结合,才能扬长避短,最大限度地发挥自己的能力,实现自己的梦想。当领导有信心,就会给整个团队带来莫大的信心,带领团队披荆斩棘,勇创辉煌。

▶ 心理小贴士

想一想,作为一个领导,最大的成就不是做出了什么惊天动地的事情,而是能够在下属之中振臂一呼,就应者云集。这样的领导力,这样的号召力,是每个领导都梦寐以求的。因此,我们必须努力提升自身的能力,也增强自己的人格魅力,从而使自己成为那个独具魅力、一呼百应的优秀领袖。

合理的人际距离应该如何把握

在漫长而寒冷的冬季，刺猬们都冻得瑟瑟发抖，因而只有蜷缩在一起取暖。它们相互拥抱，但是刚刚觉得暖和，又不得不马上分开。原来，它们身上的刺扎痛了对方，因而根本无法长久地保持拥抱的姿势。然而没过多久，它们就又觉得寒冷。无奈之下，它们只好再次抱在一起，如此分分合合很多次之后，它们终于找到了一个最恰到好处的距离，这个距离使它们既能够相互取暖，也不至于被对方的刺扎伤，可谓是进退自如。

其实，人与人之间的相处也像刺猬一样，需要保持适度的距离。太远了，觉得寂寞难耐，太近了，又怕被对方锋利的刺扎伤。在这种情况下，我们唯有与他人保持适度的距离，才能以最佳的姿态与对方相处。虽然人是群居动物，但是毫无疑问，每个人都需要一定的空间自处。在北欧国家，很多人排队的时候都会自觉地保持一定的距离，从不会紧紧地挨着他人，否则不但会让他人觉得不安全，自己也会感到别扭。细心的人也会发现，当我们与他人交往过密时，很快关系就会变得恶劣，时不时地就会有矛盾产生，甚至还会因此决裂。相反，与那些初次见面的陌生人，或者关系算不上亲密的人相处时，我们反而更加宽容，彼此间的关系也更加和谐。因此，与某人的关系越亲密，越容易与其发生摩擦和矛盾，与其交往反倒不及与初次见面者交往容易。家庭成员、情侣之间常常相互埋怨,正是这种情况的表现。按理说,交往得越深,就越容易相处,相互之间的关系也越好,可事实上并非如此。原因何在?就是因为人们离得太近了,彼此之间毫无距离,就会使彼此的缺点毫无掩饰地暴露在对方面前,因而导致关系急速恶化。最典型的表现是在恋人之间。有些恋人谈情说爱时觉得对方是最完美的,但是等到真正在一起生活之后,却大失所望,矛盾不断。其实,这一则是因为彼此的关系更近了,二则是因为我们若不怀着一颗包容的心,不能容纳他人,就不会更好地与他人相处。毕竟,人无完人,我们只有怀着更加宽容的心态,才能处理好人际关系。

戴高乐非常注意保持与他人之间的距离。就算是和仆人之间,戴高乐也总是小心谨慎地保持着一定的距离。他曾说:"仆人的眼中没有英雄。"从这句话不难看出,即使是伟大的人,一旦与他人亲密无间,就会失去神秘感,变得平凡无奇。因而,在担任总统的十几年时间里,戴高乐不管是与仆人,还是与智囊团、参谋、秘书等人,都始终保持着距离。为了保持距离,戴高乐甚至只聘用同一个办公厅主任两年的时间。对此,很多人感到不解。戴高乐却说,首先,调动工作是非常正常的事情,就像铁打的营盘流水的兵一样,没有人能在一个职位上干一辈子。其次,他不想让任何人依赖他,恨不得在他身边工作一辈子。他认为,唯有保持人员的流动性,才能保持整个团队不停地注入新鲜的血液，也不会有任何思想僵化的现象出现。而且，这样还能防止腐败，有效避免那些在他身边工作的人打着他的旗号徇私舞弊。就这样，戴高乐的身边很少看到老面孔，他总是不停地更换着自己团队的血液，使其保持新鲜和朝气蓬勃。

戴高乐尚且如此谨小慎微，更何况是我们普通人呢！其实，任何人之间都需要保持适度的距离，倘若上司与下属之间没有距离，则下属就会对上司失去尊敬和景仰的感觉，甚至还会肆无忌惮地干涉上司的决策。假如师长和学生之间没有距离，则学生就会和师长过于亲密，甚至不把师长的教诲放在心里。即使是普通人之间，如果不能保持适度的距离，也会让他们失去距离美，从而导致彼此间矛盾频发，争执顿起。如此一来，我们又如何能够更好地与他人相处呢！由此可见，不管你与他人之间是何种关系，不停地根据现实情况调整彼此间的距离都是非常有必要的。所谓"距离产生美"，距离是人与人之间的关系得以建立和更好发展的基础。

曾经有位心理学家进行过一项特殊的实验。在一间宽敞的阅览室中，只有一名读者正在看书。心理学家走进去，虽然有很多座位，但是他并没有坐，而是径直走到那个读者旁边坐下。最终，大部分在不知情的情况下成为观察对象的读者，都迅速更换座位，坐到远离心理学家的地方。他们之中，甚至有人满怀戒备地反问："你要干吗？"由此可见，在空旷的地

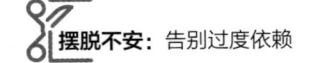

方，任何人都难以忍受与陌生人近距离接触，这使他们感到深深的不安。人与人之间需要距离，这距离给了彼此自由独处的空间，也使人从心理上感到安全。否则，一旦自己的安全距离被侵犯，人们就会感到恼怒，甚至无法忍受。

▶ 心理小贴士

不管什么时候，我们都要学会与他人保持适当的距离，尤其是亲密的爱人之间。常常有人觉得，既然相爱就应该毫无距离，殊不知，越是相爱的人之间，就越是应该保留适度的空间。否则，过分热烈和占有欲强烈的爱，一定会使人觉得手足无措，甚至想要逃离。

第五章

关注工作：职场焦虑源于对升职加薪的较真

人在职场，有谁没有做过升职加薪的梦呢？可以说，升职加薪是每个职场人士梦寐以求的。毕竟整日奔波劳累，是为了更好生活，而且仅从自身的角度出发来考虑，也希望个人的价值得到更多的认可和肯定。然而，命运有时偏偏爱和我们开玩笑，你越是想要升职加薪，偏偏越是会求而不得。任何事情最怕较真，我们如果能够放松心情，也许会迎来"柳暗花明又一村"。

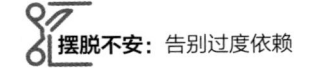

工作中，不要只关注薪资

在通常情况下，人们之所以勤勤恳恳地工作，大概出于三个方面的原因。首先，自己要活着就必须满足衣食住行的需要，就离不开金钱的支持。其次，工作是实现我们人生价值的途径之一，在工作的过程中，我们获得了认同感，也就能得到更多的学习和提升自己的机会。最后，每个人都想得到长远的发展，只有工作，才能给我们提供更大的舞台。归根结底，在工作之中，金钱只是我们获取的多种回报中的一种，更重要的是我们为了实现自身的价值，而通过工作寻求更大的发展。金钱只是作为生活的必需品和工作的回报而存在。当然，金钱不是万能的，但是没有钱却是万万不能的。认同感和更广阔舞台的获得必须建立在我们能够很好生存的基础之上，所以找工作时我们依然要问及薪资。但需要注意的是，关注薪资应该有度，在薪资能够满足我们需要的基础上，我们更应该关注职业发展前景等更加长远的内容。

很多人在选择一项工作时，过多地关注薪资，而忽视了公司的长远发展和广阔平台，最终虽然短期内拿到了高薪，却发展乏力，缺乏后劲。如此综合考量之后，聪明人一定知道，在

第五章 关注工作：职场焦虑源于对升职加薪的较真

薪资相差不多且都能满足生活需要的情况下，我们优先选择的是那些有广阔发展前景和能够提供大舞台的大企业。这样，几年之后，你的收获会远远超过那些薪资。

大学毕业后，王强和李琦一起去找工作。他们俩是好哥们儿，还是上下铺的好兄弟，从来都形影不离。原本，他们说好去同一家公司工作，继续同吃同住同上下班，而且他们也的确找到了一家大型企业愿意同时聘用他们。但是李琦却突然改变了主意。原来，李琦通过老乡的介绍，得到另外一家小公司的邀请函，并且这家小公司承诺给他的月薪，比这家大型企业高一千多。思来想去，李琦觉得一千多对他还是很重要的，可以改善居住条件，也可以吃得好一些，尽管王强再三劝他要看得长远，但他还是义无反顾地去了那家小公司。

因为工作忙碌，在几年的时间里，王强和李琦只是偶尔见一面，大多数时候都是用微信表达问候。直到大学毕业五年的聚会上，他们才真正有时间坐下来聊一聊。李琦向王强炫耀："哥们儿，你现在拿多少钱了？我的工资已经比刚去时候的五千五，翻了一番了。"王强很淡定地说："我的工资也和你差不多，只不过大型企业福利好，每个月还有三千多的住房补贴。"李琦大吃一惊，说："涨得这么快？我记得你当时的工资比我还少一千呢！"王强笑着说："嗨，大企业晋升机会多。去了两年多，我就被提升为部门主管了，所以工资也水涨船高。再加上经常出差什么的，补助也很多。"听到王强的

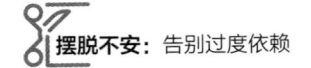

话，李琦默不作声，因为他虽然刚去公司时就是待遇比较好的技术人员，但是这五年一直"原地踏步"，现在也还是个一线技术人员。在小公司，只有老板是直属领导，哪来的那么多管理岗位呢！想到这里，他羡慕地对王强说："你可真是有眼光。要是当初我和你一起去，现在也许相差无几呢！"王强谦虚地笑笑，说："在哪里都一样，只要脚踏实地地干，你未来也不会差的。公司虽小，但只要发展壮大快，你很快就会成为元老的。"李琦笑了笑，不想再说话了。

毕业五年后的王强和李琦，对于金钱的理解显然有了改变。如今的李琦，羡慕的是王强不但工资比他高，而且还是个部门主管，未来必然有更大的晋升空间。因此，他无限懊悔自己当初鼠目寸光的行为。但是，时光不能倒流，李琦只能期望公司加快速度发展，设置更多的职级让他们有机会晋升。否则，他只有选择跳槽，才能为自己寻找到更大的平台。

毫无疑问，在大公司工作是非常锻炼人的。因为大公司格局开阔，总会有很多大的项目，也会有盛大的场面。所以，年轻人在找工作时，千万不要一味地纠结于薪资。只要薪资水平相差无几，都能满足你的基本生活，更何况生活还是先苦后甜更好。趁着年轻的时候在大企业里为自己打下江山，未来的职业发展一定会更好。

▶ **心理小贴士**

很多企业在经营的过程中都会出现资金问题，但是随着经营状况的改善，薪资也会水涨船高。所以，我们在选择一份工作时，不能一味地盯着薪资的高低。而且，在你从事某项工作的过程中，如果因为企业短期困难导致薪资浮动，也不要仓促急躁地选择离职。在爱情里，一起患难与共的夫妻总是感情深厚，同样的道理，当你有机会与企业共患难时，也应该耐得住性子，一起等待柳暗花明。这样，你与企业的缘分就会加深，你也会在企业的鼎盛时期得到丰厚的回报。

你不在乎是否晋升，反而获得了上司的垂青

我们常常真挚地祝福他人"心想事成"，然而这只是一种美好的祝愿。在现实生活中，偏偏有种现象叫作"事与愿违"。我们越是热切地渴望什么，就越是得不到满足。就像小孩子幻想着能够吃到一块大白兔奶糖，那样的憧憬和渴望也出现在无数人的心中。尤其是在职场上，很多有规划的人都是目标明确的。他们集中所有的精神和心智，为了实现自己的目标而奋力拼搏，最终却竹篮打水一场空，甚至还导致自己的命运出现意想不到的转折，不得不说这是人生的一种遗憾。为什么

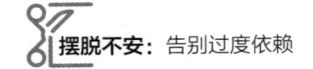

命运如此残酷呢？其实，命运大多数时候掌握在我们自己手里。如果我们能够放松一些，不要因为一味地盯着遥远的目标而忽视了身边擦肩而过的机会，也许成功会不期而至。

从心理学的角度来说，当我们过于渴望成功，我们的精神就会变得非常紧张，甚至因此而影响了我们的行动，导致出现偏差或者失误。由此一来，我们变得精神涣散，无法全神贯注，也就失了神，影响了正常水平的发挥。就像很多高考的学生一样，当十年寒窗苦读的结果就要出现，他们万分紧张，甚至不停地祈祷，最终反而在考场上发挥失常，与心仪的大学失之交臂。相反，很多考生之所以能够超常发挥，取得超出自己预期的好成绩，就是因为他们能够淡定从容地面对一切，即使成果就在眼前，也不急不躁，更不会无法控制紧张和兴奋。把这个道理套用到职场上，你如果想获得晋升，与其日思夜想，不如暂时忘记晋升，脚踏实地地去做，反而更容易得到晋升。

很久以前，有个神箭手能够百步穿杨，在民间名气很大。天长日久，皇帝也听说了这个人的鼎鼎大名，因此，特意派人把他召到宫中，对他说："听说你能够百步穿杨，是个神箭手。我也很想见识一下你的箭术，这样吧，你今天就给我表演一下。如果你真的如人们所说得那么厉害，我就召你入宫为武官，给你丰厚的俸禄，还赐你良田美宅，你看如何？"神箭手连连点头，喜不自禁。

皇帝让人把他带到开阔地带，在百步之外摆了一个小小

第五章 关注工作：职场焦虑源于对升职加薪的较真

的靶子。不想，神箭手平日里拉弓即射，今天却犹豫不决，瞄准了好几次，箭依然没有离开弓弦。皇帝等得有些着急，说："你怎么磨磨蹭蹭呢！要是你这样去战场上，敌人早就逃之夭夭了。"皇帝的话让神箭手不由得手抖起来，最终，他射出了箭，但是偏离靶心很远。皇帝哈哈大笑，说："看来人们所言不实啊。我也不怪罪你了，你还是赶紧收拾弓箭走人吧。"神箭手走后，皇帝对身边的大臣说："人们总是以讹传讹，谣言真是不可信哪！"大臣笑着说："皇帝有所不知，这个神箭手虽然箭术了得，但这可是他第一次亲眼见到您啊。您又许诺给他高官厚禄、良田美宅，他怎么能不紧张呢！您要想看他的箭术，还得到市井之间。我可是亲眼所见，此人箭术的确高强。"皇帝不信，择日又跟随大臣乔装打扮，去集市上看这个人射箭。果然，百步穿杨，名不虚传，皇帝不由得啧啧赞叹。

在这个事例中，原本神箭手射箭是心无旁骛的，因此能够百步穿杨。然而，当亲眼看到皇帝，并且亲耳听到皇帝许诺良田美宅和高官厚禄，他射箭时就心神不宁，生怕一箭射偏就与美好前程失之交臂，如此紧张的心情最终影响了他箭术的发挥。其实，我们在职场上也是如此。人越是急切地渴望得到什么，就越是容易受到紧张情绪的影响，导致事与愿违。当你想在职场上获得晋升，甚至平步青云时，不如什么也不想，脚踏实地地去做，也许升职就会水到渠成，给你意外的惊喜。

人在职场，不可不上进，但也不可急躁冒进。我们只有摆正心态，戒骄戒躁，坚持付出，才能如愿以偿地得到回报。欲望有的时候能够刺激我们进取，但是一旦过度就会变成我们成功路上的绊脚石。只有保持一颗淡然的心，我们的人生之路才能更加平顺。

▶ 心理小贴士

有些人总是爱表现自己，在领导面前是一个样子，在领导背后又是一个样子，如此急功近利，早晚有一天会被领导识破。我们唯有真正地把工作作为事业去经营，努力在工作中展现自身的价值，才能水到渠成地得到晋升，也获得他人对自己的认可和肯定。

眼界高远，往往能消除不安

有一只叫皮皮的小青蛙生活在井底，它从出生以来一直待在井底，因而从未看见过外面的世界。有一天，另外一只小青蛙豆豆随着雨水也落到井底。豆豆看惯了外面天大地大的世界，因而迫不及待地想要出去。无奈井实在太深了，豆豆努力了很多次，都无法成功地从井里跳出去，它自言自语："我什么时候才能出去呢？这里太小了。"皮皮听了之后，不服气地说："这里怎么小了？这里多么宽阔呀，你看，我足足要蹦跳十几下，才能到达那边呢！"豆豆不以为然地笑了，说："你蹦跳十几下就叫大了？你是没有见识过外面的天地呀！"皮皮更生气了，说："我怎么没看到。你看，天不就在那里吗？"说着，皮皮指了指井口的那片天。豆豆与皮皮无法沟通，只盼望着有朝一日能出去。没过多久，有一个木桶垂下来打水，豆豆赶紧跳进木桶里，还劝说皮皮也跟着一起出去。皮皮却摇摇头，说："我可不想出去，外面也是这么小，而且还有危险。"就这样，豆豆顺利跟随木桶回到了地面上，皮皮永远地留在了井里。

这只是一则寓言故事，但是为我们揭示了深刻的人生道理。青蛙皮皮永远生活在井底，因为从未看过外面的世界，也不觉得井底局促狭窄。相反，青蛙豆豆一直生活在外面广阔的天地里，一旦进入井底，就觉得无法忍受这么小的空间。这就是眼界的差异。直到最后，皮皮因为对未知的恐惧而拒绝与豆豆一起回到地面。生活中，眼界往往决定了我们人生的开阔与否。如果一个人始终眼界狭窄，那么就会禁锢他自身的发展，因为他会对很多事物心存疑虑，且不敢去尝试。相反，如果一个人眼界开阔，那么他就敢于尝试很多事物，将人生的格局也规划得更好。由此可见，人生的高度是由我们的眼界决定的，人生的创新也取决于我们对整个世界的把握和理解。

作为职场人士，亚军算是非常精细的。和大多数男人的粗枝大叶相比，亚军心思细腻，不管什么事情都算得清清楚楚。

尤其是和同事们在一起时，原本大家一起吃午饭，每个人轮番请客，但是到了亚军时，他总是推托没带钱包，要不就是点一些很便宜的菜吃。一次、两次，大家以为是偶然，也没太放在心上，渐渐地，大家都知道了他的为人，也就不愿意再与他走得太近了。在年终评选优秀员工时，亚军虽然业绩突出，工作表现也不错，但是因为人缘太差，最后落选了。看到其他在工作上不如自己的员工都高高兴兴地领到了一万元奖金，亚军后悔莫及。

有的时候，在需要与同事合作时，亚军也算得非常仔细。需要付出的时候，亚军总是推托，等到汇报工作时，他又总是抢先汇报，在领导面前出风头。渐渐地，同事们不但不愿意与他吃饭，也不愿意与他一起工作了。不但同事孤立亚军，领导也对亚军颇有微词。毕竟现代职场不是个人英雄主义的时代，如果脱离团队合作，即使能力再强也是不可能成功的。最终，在需要从内部提拔一名主管时，领导选择了另外一个虽然工作能力不如亚军，但是人缘很好，与同事打成一片的员工。

眼界决定高低，亚军虽然从未因为与同事一起吃饭而吃亏，在与同事合作期间也总是能够占到便宜，但是最终失去了人心，导致职业生涯的发展受到阻碍。细心的人一定会发现，大多数职场上的成功人士，都是非常宽容大度的。他们眼界开阔，不拘小节，从而使职业发展更加顺利。当你看到有些职场人士整日愁眉苦脸时，可想而知，他们总是拘泥于蝇头小利。

相反，有些人则总是高高兴兴地对待工作，他们不计较个人得失，总是一味地埋头苦干，该表现时就表现。如此一来，反而更容易心想事成。

人活着，快乐是一天，悲伤也是一天；洒脱是一天，忧愁也是一天。我们唯有摆正心态，尽量开阔自己的眼界，才能放下心中那些不值一提的疑虑，帮助自己更好地面对未来。即使面对同样的工作环境，也是那些能够积极乐观面对的人更容易得到快乐，有所收获。眼界，决定人生的高度，要想拥有格局开阔的人生，我们就必须学会积极乐观地面对一切。

▶ 心理小贴士

一个人能从生活中得到什么，往往取决于他的眼界。他看到什么，就会得到什么。因此，我们只有积极乐观地面对人生，才能得到命运慷慨的馈赠。为了帮助自己开阔眼界，我们理应读万卷书，行万里路。而且，还要心怀大爱，这样才能不拘泥于小节，不为了很多小事而斤斤计较。

职场中的"试用期"，如何坦然度过

职场新人总是非常紧张不安地对待试用期，似乎试用期就意味着随时随地都有可能被解雇，就意味着不安定和悬而未

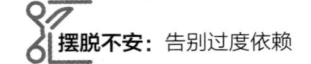

决。其实，所谓试用期，并不只是单位对我们单方面的考量和选择，在很多情况下，试用期也意味着我们可以在此时间段内观察和考量单位各个方面的情况，在我们与单位的双向考量中，确认彼此能否达到最佳的合作状态。当然，新人进了新单位，肯定是需要磨合的。尤其是当新人还是缺乏工作经验的应届毕业生时，单位领导肯定也有心理准备，为新人的一些失误买单。在这种情况下，我们应该以正确的心态对待试用期。这就是说，并非试用期任何错误都不能犯，达到完美，你才能留下来；相反，即使你犯了错误，但是只要你态度端正，为人勤奋，让领导觉得你是可塑之才，领导也会很愿意留下你，继续栽培和重用你。因此，千万不要因为处于试用期而整日惴惴不安，否则会事与愿违，甚至因为在工作上表现不佳而被淘汰。

对于周涛而言，这已经是她大学毕业后找的第二份工作了。对待第一份工作，她从试用期开始就战战兢兢，如履薄冰，好不容易熬过了试用期，又因为工作上出现重大失误而被辞退。现在呢，她对待第二份工作更加紧张，毕竟第二份工作得来不易，她可不想再去人才市场与那么多人挤在一起推销自己了。

第一天工作，周涛早早来到单位，主动打扫卫生。不仅如此，她还在工作之余主动帮助其他同事做事。有的时候，上司临时安排任务，她也马上毛遂自荐，当仁不让。刚开始时，同事们还比较喜欢她，渐渐地，由于她总是主动加班，给了大家

第五章 关注工作：职场焦虑源于对升职加薪的较真

很大的压力，搞得大家都对她意见很大。因为顶头上司直接决定着她的去留，所以周涛还经常一早就来到单位，给上司泡茶冲咖啡。时间长了，同事间的风言风语越来越严重，大家都觉得她是在巴结和逢迎领导。为此，大家都开始讨厌她。两个月试用期结束了，虽然上司对周涛在工作上的表现很满意，但是因为她引起了"民愤"，不得不让她走人。

在这个事例中，周涛因为第一次工作失利，所以尤其珍惜第二次工作的机会。特别是在试用期里，她不但在工作上表现优秀，而且主动帮助同事，还与上司套近乎。殊不知，职场上的关系是非常微妙的。有的时候，即使你一切都做得很好，也得不到大家的认可。这是因为工作需要团队的合作，而不是只突出某一个人。

不管是在试用期还是在日常工作中，我们都要始终如一，摆正心态。所谓"路遥知马力，日久见人心"。一时的表现好坏，并不能让我们定义一个人的水平高低。我们唯有保持平稳发挥，才能在工作上得到更多的认可和肯定。

▶ 心理小贴士

试用期的确存在很多的不确定性，因此有很多人面对试用期都如履薄冰，不但不敢问自己心中的问题，工作的过程中也是战战兢兢。其实，即使你在试用期伪装得很好，终有一日也会现出原形。与其等到耽误很长时间再失去工作，不如在试用

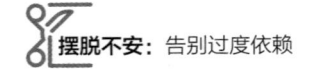

期就表现最真实的自己，这样才能展示自己的真实水平，也才能与单位之间进行真正的双向选择。

你为什么是团队中那个惴惴不安的人

很多在职场上奔波的人，总是惴惴不安。他们之中，有些人是为业绩担心，有些人害怕得不到领导的赏识，有的人是因为无法处理好与同事之间的关系，有些人则是觉得自己无法融入团队。毋庸置疑，在现代职场，任何人都不可能凭借一己之力取得成功，因而必须融入团队之中，与团队其他成员凝聚起来，精诚合作，最终才能发挥集体的力量，取得巨大的成功。如果团队里的每个成员都与你非常亲切熟稔，在共同完成任务的过程中，你们还建立了如同革命战友般的深厚情谊，那么你还会惧怕面对他们吗？还会觉得自己受到所有人的排挤吗？

当你在团队中感到惴惴不安时，也就意味着你没有真正融入团队。因此，要想在工作上有特别突出的表现，你应该从现在开始学会更好地与他人相处，真正地融入团队。

作为一名从农村考入城市的大学生，林倩在同学们中总是觉得很不安。每当看到其他女孩们穿着光鲜亮丽的衣服出入校园，她总是不以为然地想："哼，有什么了不起的，不就是有漂亮的衣服嘛！"渐渐地，她在这种羡慕嫉妒交杂的情绪中，变得越来

第五章　关注工作：职场焦虑源于对升职加薪的较真

越自卑，常常觉得每个同学都在嘲笑她的土气和穷困。到底怎样才能更好地面对这一切呢？林倩根本找不到出路。

大学毕业后，林倩四处找工作，想留在这个已经熟悉的城市。然而，她接连面试了很多单位，都处处碰壁，原因是面试官觉得她不够自信，性格孤僻。最终，林倩好不容易才找到一份工作，是做销售的。众所周知，销售行业既讲究合作，也重视竞争。可以说，销售行业从业者之间的关系是最微妙的，既离不开与其他同事打配合战，又要努力超越其他同事。在来到公司的一个多月时间里，林倩始终默默无闻，既不和同事过多地打交道，有了问题也不好意思直接问同事。因为眼界狭窄，每当听到其他同事在一起天南地北地聊天时，她都插不上话，生怕自己说错了会招人笑话。就这样，林倩越来越孤僻，最终选择了辞职。

性格不好，很容易阻碍我们的职业生涯发展。在大多数情况下，我们知道如何与人相处，但是一旦原本简单的人际关系进入职场，掺进太多的利益因素，就会变得异常复杂。我们只有积极地融入团体之中，与其他成员团结合作，开阔眼界，不要因为蝇头小利就与人闹矛盾，这样才能真正成为团体中的一员，也才能获得长远的发展。

对于职场新人而言，其实融入团体是更容易的。因为职场新人缺乏工作经验，几乎每一个先入职的员工都可以成为他们的前辈。因而，当职场新人怀着谦虚和诚恳的态度向前辈们请教时，前辈们自然好为人师，职场新人也恰好可以借此机会与

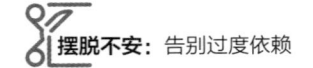

前辈们搞好关系，顺利地融入团队之中。总而言之，自视清高的人是无法融入团队，也是无法获得成功的。我们唯有更好地与团队成员精诚合作，才能发挥自己真正的能力，使自己在职业生涯中得到长远的发展。

▶ 心理小贴士

要想尽快融入团队之中，你可以先着手于团队里某一两个脾气相投的人。例如，找到与他们共同的兴趣爱好，从而成功打开他们的心扉，让他们接纳你，然后再通过他们的引荐进入团队内部，与每个人都处好关系。此外，你还可以积极主动地参加公司的各项活动，也可以为团队里的一些小型集体活动出谋划策，最终得到大家的一致认可和好评。还需要注意的是，即使是与团队成员之间存在工作上的竞争关系，也应该友好竞争，千万不要为了利益不顾一切，否则就会遭到整个团队的排挤和厌弃。

大胆去做，错了也好过无所作为

在职场上，很多人做起事情来都犹豫不决，畏缩不前，也因此而失去了很多千载难逢的好机会，最终导致自己的发展遇到瓶颈。尤其是职场新人，他们更是畏畏缩缩，从来不敢放心大胆地去干，导致自己坠入无边的恐慌和焦虑之中。如此进退两难的境地，到底是如何造成的呢？归根结底，是因为这些人内心深处存在着对于失败的恐惧。他们知道，领导是以他们为公司创造的价值来评价他们的，更是以此为标准判断是否继续聘用他们的。一旦做错，领导必然对他们的评价降低，甚至会因此而辞退他们。如此一来，岂不是非常糟糕吗？

实际上，这些人的所思所想完全错了。对于一个明智的公司领导而言，他们宁愿看到下属犯错，也不愿意看到下属畏手畏脚，退缩不前。否则，公司如何进步和发展呢？在大多数公司领导心里，他们愿意以一定的代价作为学费，培养员工在不断尝试的过程中迅速成长起来。唯有如此，公司才能不断地拥有新生力量，也才能迅速发展，持续进步。

遗憾的是，大多数人都本能地喜欢听到肯定，而害怕听到否定。他们恐惧听到否定，不只因为承受不了领导对他们看法的改变，也因为无法承受给公司带来巨大的损失，更因为无法承受因为遭到否定而产生的挫败感。因此，他们首先过不了自己心中的那道坎儿，最终导致情绪失落，影响工作和职业发展。面对这种情况，我们首先要做的就是摆正心态。我们不能因为走路会摔倒，吃饭会噎着，就不走路、不吃饭。我们唯一能做的就是做足准备，尽量少犯错，从而帮助自己勇敢地前进，哪怕付出犯错误的代价也在所不辞。

刚刚应聘到公司当总经理助理时，刘梦还是很受领导的赏识的。毕竟，刘梦不仅有着重点大学的文凭，而且人又长得漂

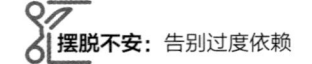

亮，身材高挑，气质脱俗。带着这样一个助理出席各种场合，领导也觉得面上有光。然而，一段时间之后，领导发现刘梦有个致命的缺点，即她做事情总是瞻前顾后，一个简单的工作安排都要来请示好几遍，这让领导感到很厌烦。

前几天，领导交代刘梦做一份文件，总结近几年来办公室里的人员变迁。刘梦当时就再三和领导核实，领导也不厌其烦地给刘梦讲解了。但是，三天之后，刘梦还是惴惴不安地问领导："领导，您帮我看看这么做可以吗？您说行，我再接着往下做。"领导不耐烦地说："难道连这么简单的工作要求你都不明白吗？"刘梦脸红了，说："我主要担心做得不对，就变成无用功了，也耽误您的事情。这样再核实一下，心里踏实。"领导不以为然地说："如果我给每个人安排完工作后，他们都再三找我核实，那还不如我自己做更省事呢！"就这样，领导对刘梦的印象越来越差，甚至觉得她就是个中看不中用的"花瓶"，只能作为摆设，而不能真正发挥实用性。后来，领导又找到一个更适合当助理的人选，就把刘梦派到办公室当普通的文秘了。

原本，作为领导助理的刘梦是非常得意的，但是她却因为过于谨小慎微，最终失去了这个好的工作机会。其实，对于领导而言，新下属犯一些错误是可以原谅的，毕竟谁也不是一生下来就有丰富的工作经验的，要从无到有，逐渐积累。但是，刘梦这样凡事必须汇报并且核实好几次的助理，非但不能给领导减少麻烦，反而还给领导增加了工作负担。因此，领导果断选择换人。毕竟哪个领导愿意给自己添堵呢！

每一个职场人士，尤其是职场上的新人，都应该意识到犯错误并不可怕，可怕的是因为害怕犯错误而永远原地踏步。现代社会，各行各业都在经历日新月异的发展和变化。作为社会的一员，我们也必须加快脚步，跟上时代的发展。否则，我们必将被时代的洪流所湮没。因此，我们至少要保持与时代同步发展，如果心有余力，还可以获得一些超前的进步，这样才能得到更好的机会，也让自己的人生变得更加精彩，与众不同。

▶ 心理小贴士

工作永远都需要创新，而不仅是按部就班。作为现代社会的职场人，我们更要与时俱进，跟紧时代的脚步。虽然每个人都不希望被上司否定，但是有时这些否定恰恰是我们进步的阶梯，因为一个聪明人总不会把同样的错误犯两次，更不会在同一个地方摔倒两次。当你随着错误不断成长，你的未来也必然更加辉煌。

克服选择恐惧症，才能找到你的职场位置

有些大学毕业生找工作的时候抱着无所谓的心态，总觉得可以骑驴找马，先随便找个工作干着，养活自己，然后再慢慢

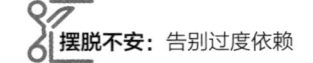

地找更合适的工作。有些人则恰恰相反，他们觉得生命宝贵，不能随便浪费光阴。因此，他们总是认真地找工作，恨不得能找到一个可以做一辈子的工作，这样就可以最大限度地积累工作经验，也可以让自己成为公司里的元老，可谓一举两得。不得不说，这两种心态都有些极端。现代社会瞬息万变，职场也随时随地处于变化和发展之中，一份工作想干一辈子，显然不太可能。也因为我们自身也处于不断的成长和发展之中，经验在增加，能力也越来越强，因而也不太可能甘愿在一家公司干一辈子。这就像人们常常讨论的跳槽行为，频繁跳槽当然是不好的，但是在重要的人生节点选择跳槽，则可以帮助我们获得更多的发展机会。因此，我们既不能频繁跳槽，也不能始终不跳槽；而必须根据我们的实际情况作出选择。

因此，很多人在选择工作时有严重的选择恐惧症。他们觉得这份工作离家近，可以多睡会儿懒觉；那份工作离家远，但是有发展前途；这份工作前景好，可以落户；那份工作报酬高，但是无法解决户口问题，而且竞争激烈……毫无疑问，每个人都想得到一份十全十美的工作，但是这是不可能的。因此，在选择工作时，千万不要太贪婪，恨不得得到一切有利的条件。我们应该摆正心态，看看自己最想得到的是什么，然后才能果断地作出选择，并智慧地取舍。

付伟在大学毕业后的半年之内，始终没有找到合适的工作。每当其他同学建议他先找份差不多的工作干着，然后一边积累工作经验，一边骑驴找马时，付伟却总是说："时间多么宝贵，我不能把有限的生命浪费在毫无意义的工作上。我必须找到一份有发展前景且是我真心想做的工作，才能去做。"就这样，当其他同学都已经开始工作时，付伟却依然奔波在找工作的路上。一年以后，同学们举办毕业周年庆时，付伟才好歹找到一份工作。好朋友问他："你找了一年多，现在的工作让你满意吗？"付伟摇摇头，说："原本我以为只要有足够的耐心，就一定能找到合适的、适合我发展的工作。但是现在看来，这份工作依然不尽如人意。"好朋友笑着说："知足吧。大多数同学都在小公司，你却进了国企，已经很好了。"付伟说："唉，国企并不像你们想的那样是天堂，国企也有国企的烦恼呢！总而言之，现状与我的理想相差甚远。"好朋友真诚地建议："千万不要这山望着那山高。其实，大多数工作都差不多，我们应该学会适应。社会不会完全让我们满意，适者才能生存。"

没过多久，付伟又辞职了。接下来的几年里，他频繁跳槽，不是嫌弃工资低，就是看上司不顺眼，甚至是因为与同事处不来，也有时是离家太远……如此反反复复，等到五周年聚会时，大多数同学都利用这五年时间脚踏实地地工作，与公司共同成长，已经成为公司的中层管理者。只有付伟，始终在各家公司之间漂流晃荡，依然作为职场新人出现在每家公司的面试官面前。而且，也因为他跳槽过于频繁，很多公司根本不敢聘用他。

很多大学毕业生都会像付伟一样，因为刚刚从象牙塔里走出来，所以总是眼高手低，这山望着那山高。他们对于工作，有着太多的奢望，因而总是不停地更换工作，总以为下一份工作会更好。殊不知，当你因为对这家公司的上司看不顺眼而辞职时，下一家公司的上司也许更让你憋屈；当你因为这家公司的待遇不高而辞职时，下一家公司却可能因为效益不好而延迟发工资。面对这种情况，即使你每个月都换一份工作，最终也无法达到满意。

与此恰恰相反，没有任何人能够在刚进公司时就有丰厚的回报和完美的人际关系。因此，我们必须学会理性面对这一切。你如果能够脚踏实地地在一家差不多的公司干下去，那么几年以后，你就是当之无愧的老员工，既有资历，经验也越发丰富，对公司的企业文化等了解得也更透彻。如此一来，升职的机会怎么会不率先眷顾你呢！

▶ 心理小贴士

很多人之所以在职场上取得成功，并非因为他们选择了一份合适的工作，也并非因为他们有多么出众的才华。在更多的情况下，职场上的成功人士成功的原因是，他们能够脚踏实地地工作，从不抱怨，更不挑三拣四。他们相信只要自己努力付出了，为公司创造了价值，公司就会给予他们相应的回报。如此中肯和踏实的态度，也能够帮助你获得职场上的成功。

第六章

管理情绪：别让糟糕的心情给你带来焦虑

当情绪失控，人们一定会感到焦虑不安，因为此时情绪就像是一匹脱缰的野马，让人感到无所适从。要想平和地拥抱人生，我们就应该及时调整身心，让情绪变得舒缓宁静，这样才能更加悦享人生。尤其是现代社会，生活节奏越来越快，人们的压力越来越大，很容易陷入焦虑和躁动。在这种情况下，及时进行身心调节就显得更加重要，这样才能在任何时候都不因为不可控制的情绪而焦灼不安。

学会慢生活，学会回归生命的本质

想一想，从无忧无虑的孩童时代结束后，你已经度过了多久的忙碌生活？曾经，我们还年少，不会为了生活中的柴米油盐酱醋茶而操劳，更不担心未来的生活到底以何种面目到来。生活之于我们，就像是一条慢慢流淌的河，哪怕我们原地静止不动，也会被河流引领着慢慢长大。但是，等到我们真的长大，却发现长大一点儿都不好玩儿。不但每天要面对纷繁复杂的世界，还要承担繁重的工作，更要面对多变的人心……总而言之，我们失去了童真的乐趣，还不得不被节奏紧张的生活推着朝前走。

如果你生活在大城市，你会发现几乎每个人都行色匆匆，尤其是上下班的高峰期，人们都像是被洪流裹挟着一样身不由己，在钢筋水泥的丛林里奔波。即使是在农村，也很少见那种悠然自得的生活了，大多数年轻人外出去大城市打工，家里只剩下留守的老人和孩子。即使偶尔回家探望，也定然是蜻蜓点水般地停留一下便很快离开。慢生活，到底是一种怎样的生活呢？二十世纪八九十年代的电视剧《篱笆·女人和狗》会给你最好的诠释。虽然农村生活常常局限于家长里短，但是这部剧中的悠然自得却让人羡慕。也许有人会说：现在还去哪里找农村呢？农村早就被城市包围了。然而，即使城市包围了农村，只要闲适的心还在，你依然可以享受慢生活。

如今，因为没有老人带孩子，很多女性朋友都全职在家照顾孩子。但是她们急躁的心态并没有消失，我们常常会听到她们不停地催促孩子"快点儿啊，快点儿啊"。殊不知，孩子的世界里没有快慢，他们只想慢慢地享受生活，专心致志地做好每一件事情。如果陪伴着他们的妈妈们也能调整自己的心态，慢慢地等待孩子享受生活，那么妈妈们渐渐地也会改变心情，更加专心致志地品味生活的各种滋味。相反，如果妈妈们一味地催促孩子，则会让孩子们失去用心感受生活的机会，这对于他们的成长也是不可估量的损失。实际上，不仅孩子们需要慢生活，成人更需要慢生活。日复一日的忙碌和操持，已经让我们的心变得无比坚硬。只有慢下来，跟着生活的节奏，我们才能细细地品味生活，欣赏人生旅途中沿路的美景。

在遥远的南部大山里，有个乡村山清水秀，那里长寿的老人很多。在几千里之外的繁华大都市里，有个富翁为了事业和成功已经拼搏了半生。然而，在被查出患有肺癌的那一刻，他突然觉得生命的一切都失去了意义。他拥有很多金钱，但是从未踏踏实实、全心全意地陪伴过孩子任何一整天的时间；他拥有豪车大宅，但是妻子却始终独守空房，在漫长的等待中度过了一个又一个夜晚；他功成名就，却再也没有时间享受拼搏之

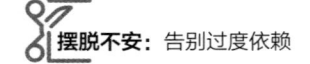

后的果实……此时此刻，他只想想尽办法延续自己的生命，哪怕付出一切代价。

一个偶然的机会，他从网页上看到关于这个村庄的消息。既然这里是长寿村，而且还有一个使泉水千年不断的泉眼，他为什么不去那里寻找生命的延续呢！已经有很多人蜂拥来到这个村庄，他们的目的和他一样。千里迢迢来到这个村庄之后，他发现这里和其他的很多村庄并没有太大的区别。唯一不同的是，这里的人们都很悠闲。他们每天日出而作，日落而息，不忙的时候就搬着桌椅板凳去泉眼下的山洞里聊天、打牌，或者睡觉。这个山洞冬暖夏凉，带着清泉潮湿的气息，让人心旷神怡。他虽然不确定这泉水是否真的能救命，但是依然虔诚地把它喝了下去。接下来的日子，他也和当地人一样，每天在山洞里待着，有时候就是心无杂念地静静坐着。如此半年多之后，已然到了医生为他宣判的死期，但是他活得好好的，而且觉得身体日渐轻灵，内心也轻松了很多。在生命的终点即将到来时，他突然看破一切，于是打电话让妻子卖掉公司，决定下半生就在这里度过。他再也没有关心过癌症的存在，却奇迹般地活了很久。

慢生活拥有神奇的魔力，能够抚平人们身体上的创伤，让人们在忙碌之余，感受身心的悸动。现代人，还有几个人能够兼顾自己的身体健康，还有几个人能够在紧张的生活之余关注自己的心灵？其实，事例中的富人也许并非因为喝了山泉水而百病全消的，最重要的是，他在生命的大限到来之际，学会了放下，学会了舍弃，学会了回归生命的本质。如此一来，他就能与自然的力量融为一体，从而帮助自己的身体痊愈，也帮助自己的心灵找回充实和宁静。

▶ 心理小贴士

生活，不仅只有疲于奔命这一种活法。当我们为了金钱权势和名利而奔波时，我们无法想到人生失去这一切会怎样。但是，当你真正意识到人生没有金钱权势和名利一样也能活得洒脱时，往往已经到了生命的尽头。因此，要想让自己更加充实快乐地度过这一生，我们就要尽早想明白这个问题，也尽早给自己的人生松绑。

厘清思绪，让焦躁的心情回归宁静

对于一个喜欢生活在清洁和有条理的环境中的人而言，定期整理家务、清洁衣柜是必须的事情。一个淡定从容地享受生活的女人，总不愿意从杂乱无章的衣柜中随便找到一件衣服就穿上——而且它们还皱皱巴巴的。因此，如果你真的想要了解一个女人，不必看她出现在公众面前时衣着是否光鲜亮丽，妆容是否精致完美，你只需要找机会看看她的衣柜，就能对她进

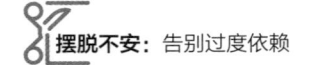

行一定深度的了解。

那么，在我们整理衣柜的同时，我们是否意识到情绪也需要整理呢？因为各种各样的事情产生的各种杂乱无章的情绪，也是我们畅享生活的大敌。如果你的应变能力不够强，很可能在事情突发的时候手足无措，使所有事情变成一团乱麻。情绪，是思想的表现，思想主宰着我们的命运，影响着我们的生活。可以说，一个人要想拥有成功的一生，最重要的秘诀就是选择和坚持正确的思想。假如能够做到这一点，我们就会更容易得到成功，也更容易获得满足感。假如总是悲观绝望，所思所想都是让人泄气的事情，那么我们就会陷入莫名其妙的悲伤之中，甚至为此焦虑不安；假如我们的所思所想总是让人亢奋昂扬，那么我们总能够感受到喜悦和兴奋，也会因此而变得积极乐观。这就是思想的魔力，它几乎是我们积极乐观的心态的基础。当然，这么说并不意味着我们每个人都要随时保持乐观的态度对待生活。毕竟，生命不仅会带给我们意外的惊喜，有时也突然让惊吓从天而降，甚至安排我们接受灾难的磨砺。悲伤哭泣是难免的，我们当然有哭泣的权利，但是我们应该积极面对，这一点是不可改变的。如果能够做到定期整理情绪，把那些消极负面的情绪清除出去，让我们不管面对好事还是坏事，都能冷静接受，都能永不放弃，那么我们就是无法战胜的，即使是命运也要臣服于我们。

对于琳达而言，最近的生活简直太糟糕了。原本，琳达是

第六章 管理情绪：别让糟糕的心情给你带来焦虑

个精致的女人，非常崇尚精致的生活。她不允许自己的生活一团杂乱，缺乏情趣，所以凡事都喜欢未雨绸缪，安排得井井有条。但是最近琳达的事情实在太多了，简直分身乏术，也没有时间和精力再去收拾家和收拾自己。

琳达单位接了一个很大的项目，琳达是项目负责人，这意味着她要至少忙碌三个月。如果仅仅是工作上的事情，琳达还是可以应付的。但是，琳达的婆婆突然生病住院，需要做心脏支架手术。紧接着，琳达的爸爸又突发脑溢血，正在医院的ICU里特别看护，每天的抢救费都要一万多元。更糟糕的是，琳达的妈妈因为急急忙忙地赶往医院，也摔断了腿，整条腿都打上了石膏。而琳达的老公已经被派往南非一年了，根本不可能回来帮忙。为此，琳达简直忙得焦头烂额，在医院里送饭都送不过来。琳达简直想要哭出来，她无力承担这一切，又不愿意放弃工作。在一个仓皇失措的午后，琳达拿出一张纸，写下了自己面对的诸多困难。最终，她把这些麻烦事都安排好了，也整理好了自己的情绪，擦干眼泪，开始像个女强人一样去处理这一切。

婆婆的心脏支架手术很快就完成了，术后只需要卧床静养几天，因此，琳达给婆婆雇了一个护工，全天候照顾婆婆；爸爸的脑溢血是需要长期照顾的，恰巧琳达的大姨和大姨夫在农村赋闲，因此，琳达把大姨夫请来照顾行动不便的爸爸，又让大姨负责照顾腿上打着石膏的妈妈；琳达还让孩子暂时在学校

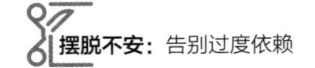

寄宿，吃住都在学校里，也省去了接送的麻烦。安排好后，琳达照常努力工作，每天一下班就赶回家给吃了一天医院里大食堂饭的亲人们做好饭，再打包装好，送到医院。有的时候，她还会替换大姨和姨夫回家休息、洗澡。如此一来，琳达再也不觉得心乱如麻了，反而有种如释重负的成就感。远在万里之外的丈夫听到琳达对这一切事情的合理安排，不由得连声夸赞。

如果琳达没有及时调整自己的情绪，安排好这些茫无头绪的事情，也许很快就会被焦虑压垮，甚至自己也会因为身体和精神的双重疲劳而倒下。幸好，她焦虑之余还保持着清醒和理智，因而很快就能做出各项合理安排，由此也帮助自己恢复了轻松和镇定。现在的琳达，除了比平时更加忙碌，每一个亲人都得到了最佳的照顾。而且，她依然能够从事自己喜爱的工作，并没有放弃任何重要的东西。试想一下，琳达处理和安排这些事情的过程，是不是就像我们平时分门别类地收拾衣柜呢！看着一片清爽、每件物品都合理摆放的衣柜，你也一定觉得神清气爽吧！

一个人是否快乐，并不在于他拥有多少，而在于他能否合理地安排生活，并且掌控自己的情绪。当一切都有条不紊地进行时，你的生活就是成功的，更是幸福的。很多情况下，情绪受行动的影响之大超乎我们的想象，因而如果你想理清情绪，就不要任由事情杂乱无章地发展。当你把面对的很多难题都分别处理好后，你的情绪也会随之变得清净和愉悦。

▶ 心理小贴士

情绪需要整理，这听起来简直不可思议。但是，当你把自己的生活整理好，你的情绪也会各归其位，从而帮助你重新找到生活的快乐和乐趣。需要注意的是，对未来的莫名担忧和恐惧也是情绪紊乱的根源。所谓"活在当下"，就是让我们把更多的关注点集中于今天，这样才能心无旁骛地过好每一个今天。

合理的发泄方式，能缓解内心不安

对待焦虑，很多人采取压抑的方式。殊不知，焦虑越是受到压制，就越是奋力反抗，最终湮没人们的情绪，使人们彻底被焦虑奴役。明智的人不会一味地压制焦虑的情绪，相反，每当焦虑来袭时，他们会在第一时间寻找最佳的办法，发泄焦虑。对治焦虑就像大禹治水一样，宜疏不宜堵，否则就会导致决堤，使情绪最终失去控制。

宣泄焦虑的方式有很多种，例如，可以做一些自己喜欢做的事情，比如唱歌，或者爬山，或者蹦极。现代社会，因为生活和工作压力增大，所以很多人都喜欢采取极限运动的方式来发泄情绪，例如跳伞、滑翔。这些运动听起来危险性很高，但

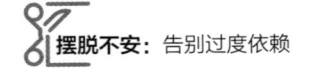

是人们恰恰就是在肾上腺素飙升的过程中，感受片刻的兴奋和愉悦。打个形象的比方，焦虑就像是我们身体上的一个脓疮，如果一味地捂着藏着，只会让这个脓疮在不知不觉间溃烂，甚至影响身体的健康部位。对付脓疮的最好办法，就是干净利索地剜除脓疮，然后再进行消毒，给身体以复原的时间和机会。当你发泄完心底的焦虑，你就会觉得一身轻松，通体舒畅。

有一天，夜已经很深了。小华突然喊醒身边熟睡的丈夫，恶狠狠地说："告诉你，我很讨厌我们单位的娜娜。"丈夫睡眼惺忪，不知所以，咕哝着说："你睡到半夜讨厌娜娜，难道你做梦梦到她了吗？那也一定是你脑子不清醒了。"小华依然不依不饶地说："我没做梦。但是你知道吗，娜娜不管什么事情都做得非常出色，深得上司的喜爱。但是她这个人可不怎么样，她是个两面三刀的小人，总是以各种各样的借口和理由，在上司面前说我的坏话。"丈夫迷迷糊糊地说："这样可不好。"小华说："是呀，与这样的同事相处，简直是对人的一种折磨。最让人气愤的是，我的上司也是个糊涂虫，居然准备重用娜娜。难道他们只在乎才能，而不在乎人品，人品不才是最重要的吗？"丈夫睡意全无，说："人品的确很重要，那你准备怎么办呢？"小华一语不发，过了好久才说："睡觉。"说完，她倒头就睡，留下丈夫瞪着眼睛一夜无眠。

第二天清晨，丈夫早早地喊醒小华，问："关于昨天晚上说的事情，你打算怎么办？"小华不知所以，反问："什么事情?"丈夫说:"就是你说的娜娜的事情啊,还有你们那个糊涂虫上司。"小华笑了,说:"还能怎么办,凉拌哪!我在这个单位已经十年了,总不至于因此而换工作吧。"丈夫有些恼怒:"你不准备怎么办,为什么昨天半夜三更把我喊醒,害得我一晚上没睡好啊?"小华说:"我只是觉得愤愤不平,越想越生气。你知道吗,昨天娜娜居然当选年度最优秀员工了,她凭什么呀!所以,我必须找个人说出来,发泄心中的怒气,不然我怎么可能睡觉呢!"听了小华的话,丈夫哭笑不得:"但是你却害得我没睡好哇!"小华说:"哎呀,你听完就可以忘记了,何必当真呢!"

在这个事例中,小华显然是想通过倾诉的方式发泄自己的愤怒和焦虑。她如果一直把这件事情放在心里,不能和单位里的同事说——毕竟世界上没有不透风的墙——那么她肯定会觉得很憋屈。因此,她到了半夜依然难以入眠,最终只好把丈夫叫醒,借给她一双耳朵。如此一来,她如同竹筒倒豆子般说了个痛快,等到心中的愤怒和焦虑都烟消云散时,她也就能够安然入睡了。

每个人发泄焦虑的方式都不同。但是,不管采取哪种方式,只要是对他人无害的,对自己有利的,就可以放心去做。另外,需要注意的是,有些人心情不好时喜欢喝酒,喝醉了之后给身边的家人朋友带来困扰,这是不可取的。而且如此长期下去,还很容易酗酒。虽然发泄焦虑很重要,但是一定要采取

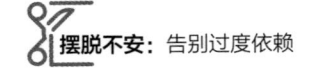

积极健康的方式，不可误入歧途。任何时候，人生的坎坷挫折都不是我们放纵沉沦的理由，即使你以焦虑为借口也不行。

▶ 心理小贴士

虽然压抑情绪能够暂时解决问题，使你的焦虑看起来不那么明显，但也只是一时有效，长时间也许会导致事与愿违。面对因为曾经的伤害而焦虑很长时间的求助者，心理医生给出的建议就是不断回忆受伤害的过程，直到发自内心地接受这个伤害，也就不会再因此而焦虑。这是根治焦虑的办法，如果你也正因为焦虑而深受其扰，不妨试一试。

必要时，你不妨求助于心理医生

人们一直以来，已经习惯了生活中有医生的存在。毕竟，人吃五谷杂粮，哪有不生病的呢。每当有头疼脑热的时候，人们总是会去医院，接受医生的问询、检查和治疗。尤其是随着医学技术的发达，现代社会已经解决了以前的很多疑难杂症，人们因病而生的痛苦得以减少。那么，身体生病了可以去医院，如果是精神上生病了呢？应该去哪里呢？在西方国家，很多人习惯于去看心理医生，甚至有些人会定期接受心理医生的心理疏导。在我们国家，心理医生并没有那么普及，人们也没有形成出现心理问题时去看心理医生的习惯。大多数人总是觉得，心情不好就缓一缓呗，过一段时间自己就会好了，何必耽误时间也花费很多金钱去看心理医生呢？就这样，大多数人的心理疾病总是被拖延。直到因为心理问题而自杀的事件越来越多地被报道出来，人们才恍然大悟，原来心理疾病对人的负面影响也是很大的，必须引起重视。

在你的生活里，有心理医生的位置吗？你是否曾经因为情绪焦虑而去接受过心理医生的心理疏导呢？虽然心理医生看似没有那么重要，实际上与为我们的身体治疗疾病的医生一样，也是每个人生活中不可或缺的。既然人生注定要充满波折，我们的心情就像大海上的天气一样阴晴不定，我们就应该把心理医生当作我们生活中合理的存在，学会接受心理医生，学会向心理医生求助。

最近，亨利被派到新的地区工作。因为要开拓新局面，他废寝忘食，每天都承担繁重的工作，还要承受巨大的压力。一段时间之后，他不但得了胃病，而且情绪也很不稳定，变得歇斯底里。有时，他看到下属们在工作上作出成就，无论大小，马上变得特别高兴。有时，下属们哪怕犯一个小小的错误，都会刺激得他歇斯底里，怒吼的声音恨不得把屋顶掀翻。渐渐地，下属们看到亨利就像老鼠见了猫一样避之不及，这给亨利开展工作带来了极大的阻碍。

渐渐地，开始有人写信给总部投诉亨利的魔鬼工作模式

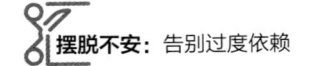

和暴躁无常的情绪。亨利得到反馈后，才意识到自己应该改变现状了，否则，不但工作毫无进展，自己的身体和情绪也会出现很大的问题。经过一番思考，亨利决定暂时休假，去看心理医生。同事们知道这件事情后都觉得很奇怪，仅仅因为情绪不稳定，就停下手头重要的工作去看心理医生，这未免也太夸张了吧？正在他们疑惑不解时，亨利回来了。回来后的亨利就像变了一个人，再也不歇斯底里，更不会废寝忘食地工作。为了给下属们提供更好的工作条件，他还接纳了心理医生的建议，在公司成立了专门的心理门诊。所有的员工，只要觉得自己需要心理疏导，就可以去心理门诊寻求帮助。刚开始时，很多同事都对此不以为然，觉得这是完全没有必要的。但是，随着工作压力的增大，生活上也会出现很多让人忧愁的事情，他们开始习惯有事没事就找心理医生聊聊，很快，心理诊室就成为全公司最忙碌的部门。让亨利高兴的是，大家在咨询心理医生之后，都变得心情轻松愉悦，工作效率也大幅度提高了。

不管是从生活的角度还是从工作的角度来看，每个人都需要心理医生的帮助。如今，很多大型的企业都会像亨利一样在企业内部设立心理诊室。表面上看，这给企业增加了开支，实际上，当大部分员工因为心情舒畅而提高了工作效率时，企业所得到的回报可谓是非常丰厚的。

▶ 心理小贴士

身体会生病，心理也会生病，心情更是像捉摸不定的天气一样时而晴朗，时而阴雨。面对人生的悲欢离合，我们必须先调整好自己的心态，才能更好地面对外界的一切。从现在开始，就让心理医生走进你的生活吧，相信你一定会有惊喜的收获。

什么是"焦虑心理摆"效应

也许因为生活压力加大，工作节奏加快，现代人的心情越来越焦虑不安、阴晴不定，让人猝不及防。有些人明明前一刻还非常高兴，后一刻却突然感到心情烦闷，郁郁寡欢。甚至还有些人，因为情绪激动，还会莫名其妙地哭起来。由此一来，让人不知所以，手足无措，自己也变得更加失落，甚至绝望。其实，这样的现象在心理学上并非个例，而是很普遍的。面对这样的情绪，人们即使什么都不做也很难安下心，因为他们感觉自己被压抑得像是被乌云遮盖住的太阳一样，根本无法喘息。

心理学家经过研究发现，外界社会的刺激越多，人们的情绪也就越多变，而且很容易陷入两极境地，或者不顾一切地

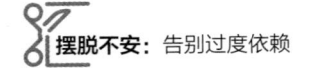

欢乐，或者莫名其妙地悲伤。越是情绪容易激动的人，也就越容易陷入悲伤和失落。就像是一个钟摆，不停地摇摆，人们的情绪也在两极之间摇摆不止。因而，心理学家形象地把这种现象称为"焦虑心理摆"效应。这种效应在现实生活中最明显的表现就是乐极生悲。很多人非常快乐，突然间情绪就如同被浇了一盆冷水，变得沉寂、落寞。其实，情绪突然间跌落并非偶然，也是符合自然规律的。就像大海有潮涨潮落一样，人的情绪也不可能一直都处于高潮，也会有动荡、有失落。生活也不会永远都是绮丽的诗歌，必然会有坎坷和挫折，必然会有阴雨和雷暴。因而，我们应该理智、正确地对待生活，也宽容地接纳生活的诸多波折，从而让自己保持清醒愉悦的心情。

"焦虑心理摆"效应并非完全不可摆脱，只要掌握适当的方法，保持心情愉悦，也是能够避免情绪产生过大波动的。例如，我们应该培养自己的兴趣爱好，让自己的精神有所寄托。很多热爱艺术的人们，每当情绪焦虑时，都会借助唱歌、跳舞、绘画、插花等方式排遣情绪。还有些人热爱运动，当感觉到压力倍增时，也可以去郊外远足，或者登山远眺。总而言之，生活并非只有压力，也有很多乐趣，我们唯有开阔自己的视野，看到生活中的诗意和远方，才能让生活变得更加多姿多彩，充满乐趣。

最近，也许因为频繁加班，乔乔的心情简直糟糕透顶。她觉得自己的心情就像过山车一样，前一刻和朋友们在一起聚餐

第六章 管理情绪：别让糟糕的心情给你带来焦虑

时还哈哈大笑，后一刻不知不觉就陷入沮丧绝望中，想到自己这么大年纪还没有男友，还没有家，每天住在租来的房子里，过着漂泊的生活，因而无比绝望。

有一次，乔乔一个人待在租住的房子里，居然开始痛哭起来。哭完冷静下来之后，她意识到自己的情绪有些失常，因而找来朋友一起逛街。交谈中，朋友听到乔乔描述自己的精神状态，说："你呀，最好赶紧去看看心理医生。现代人心理问题越来越多，不可小视。你听我的，我现在就陪你去看看心理医生吧。"在朋友的坚持下，乔乔来到心理门诊，诉说自己的状态，心理医生说："你这是心理焦虑症状，就像钟摆一样，不停地在极端的情绪中摇摆。如果不及时疏导，情况会越来越严重。"乔乔原本对此不以为然，但听到心理医生这么说，不由得紧张起来，问："那我应该怎么办呢？要吃药吗？"心理医生笑着说："没有那么严重！你只是情绪有些失控，是由焦虑引起的。在生活中，你要多给自己找乐子，尤其是在工作压力大的情况下，更要学会及时排遣情绪。如今天你在哭过之后，马上找到朋友一起出来逛街，就是很好的方法。当然，你也可以选择健身、唱歌等方法。总而言之，只要能让你心情平静的，都是好办法。"

在心理医生的安抚下，乔乔总算不再感觉如临大敌了。她开始重视调节自己的情绪，不再那么焦虑不安，也不再一味地拼命工作。归根结底，如果没有健康的身体，一切都是零。

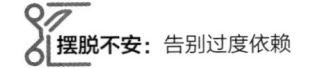

除了选择各种适宜的方法来解决现实问题，我们还应该注意调控自己的情绪。也许有人觉得自己的心情当然由自己做主，其实并非如此。在很多情况下，情绪是反复无常的，我们只有做好疏导工作，才能让情绪更好地服务于我们的精彩人生。

人的一生总不会是一帆风顺的。我们只有更好地对待人生，才能得到人生的厚待。因此，及时调整心理状态，避免"焦虑心理摆"效应，是完全有必要的。

▶ 心理小贴士

所谓"焦虑心理摆"，真的就像一个钟摆一样，时不时地就会摆一下，给我们来点儿惊喜和刺激。然而，人非圣贤，谁能没有七情六欲呢？我们唯有调整好自己的心态，帮助自己保持情绪的平和稳定，才能更好地悦享人生。

遵守交通规则，别因焦躁闯红灯

在学习交通法规时，我们总是被交警再三告诫："宁停三分，不抢一秒。"这是因为生命无比脆弱，有的时候因为这一秒钟的冒进，就会导致生命戛然而止。对待焦虑，我们也应该采取这样的思路。有些人一旦遭遇意外的事情，马上就会情绪失控，让焦虑如同洪水般涌上来湮没自己，导致自己根本无法招架，最终在冲动之中做出让自己懊悔不已的事情，可谓损失惨重。其实，对待焦虑也应如同等红灯，宁停三分，不抢一秒。就如同有人说过的，冲动是魔鬼。我们唯有控制好自己的情绪，避免冲动，才会尽量减少自己的懊悔。

一个人要想征服全世界，首先必须成为自己的主人，而作为自己的主人，一定要能够控制情绪。倘若连主观情绪都不能控制，则对客观外物的一切征服都是空想。由此可见，焦虑影响的不仅仅是我们的心情，还有我们的信心，而且攸关我们人生的成败。要想正确引导焦虑，使其对我们的影响从负面转化为正面，最重要的不是对抗焦虑，而是从心底里接纳焦虑，使其成为正常的存在，从而找到更好的消除焦虑的办法。前文说过，适当的焦虑会起到正向积极的作用，使我们化压力为动力，从而帮助我们更好地成长和成熟。但是，焦虑过度，就会影响我们生活的方方面面，甚至让我们因为冲动而做出违规违法之事，或者其他让我们后悔的事情。因此，当焦虑如同潮水般侵袭而来时，我们不如平心静气地好好想一想，让我们躁动的心恢复清醒和理智。

苗苗失业了，而且被查出患有卵巢囊肿，需要马上手术。这个消息如同晴天霹雳，让苗苗的生活如同发生了地震一般，所有事物都不在原位了。对于这一团糟的生活，苗苗简直不知道应该如何面对。当她满腹心事回到家里时，偏偏孩子调皮捣

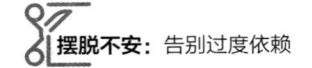

蛋，打碎了一套她最珍爱的瓷碗。苗苗只觉得血往头上涌，生活处处不如意，简直让她发狂。为此，她不假思索地抬起手，在孩子的屁股上狠狠地打了一巴掌。孩子马上撕心裂肺地哭了起来，一个人躲在角落里，不敢再来烦妈妈。

　　冷静下来之后，看到孩子的模样，苗苗感到非常心疼。老公下班回家之后，也尽力安慰苗苗："卵巢囊肿没什么可怕的，做完手术就能痊愈。工作没了可以再找，你还有家，还有我，还有孩子。"老公的话给了苗苗莫大的安慰，她懊悔地哭着说："我不该打孩子，不该把气撒到孩子身上。"老公正色说："你的确不该打孩子，这一点必须批评。不过，这主要是因为你现在过于焦虑了。世上没有过不去的火焰山，我们一家人只要在一起，就能战胜一切困难。"经过这次发泄，苗苗的情绪恢复了平静，她再也不会随便发脾气了，尤其不会在情绪冲动的时候做任何事情。因为她知道，冲动是魔鬼。

　　苗苗的经历相信很多妈妈都曾有过，作为一名职业女性，不但要承担工作的压力，还要照顾家庭和亲人，更要顾全生活的方方面面。于是当很多糟糕的事情同时发生时，的确让人感到身心俱疲、不知所措。即便如此，生活也不会有片刻停顿，它依然会不断地向前，向前，再向前。而此时，我们唯一能做的就是控制自己，保持清醒和理智，一路向前。

　　在漫长的一生中，焦虑也许会与我们如影随形。面对纷繁复杂的世界，我们无法做到每一刻都心如止水，因而难免会心情激动。在这种情况下，唯有成为情绪的主宰，努力控制情绪，让其在最冲动的时刻不爆发，我们才能得到安宁的心绪。有很多简单的方法不妨试一试，例如，焦虑时在脸上挂满笑容，即使这笑容是生硬地挤出来的，你也会发现自己马上会心情好转。这几乎是对待焦虑最轻而易举，也最立竿见影的方法。当你渐渐地习惯微笑，你就会发现微笑是焦虑的天敌，尤其是当你的面部保持着微笑的表情时，焦虑就会消失得无影无踪。

▶ 心理小贴士

归根结底，控制和调整情绪并非你想象中那么困难。只要用心地去做，你就能够取得良好的效果。如果能够长期坚持下去，你就会成为情绪当仁不让的主人，也会成为自己命运的主宰。但需要注意的是，调整情绪一定要及时，如果等到焦虑的爆发酿成恶果时再亡羊补牢，就会让人心生遗憾。

第七章

解绑身心：欲望小了，不安也就少了

欲望，是人生的一个又一个黑洞，具有无穷的能量，却也会在不知不觉中张开大口吞噬我们。因此，欲望对于我们有着双重的意义：一是适度的欲望能够激发我们的斗志，让我们奋起昂扬，为自己的人生勇敢拼搏，二是过度的欲望又会让我们陷入沉沦，不停地浮浮沉沉，甚至失去人生的方向。因此，我们只有很好地把欲望控制在合理的范围内，才能最大限度地减轻焦虑，让人生艳阳高照、春暖花开。

你可以努力工作，但别忘记享受生活

当你离开舒适悠闲的小城，来到大城市的街头，看着熙熙攘攘的人群，你一定会产生恍若隔世的感觉。的确，满眼望去，你看到的都是行色匆匆的人，几乎没有一个人在悠然自得地走着，观赏身边的景色。然而，当你披星戴月、日复一日地努力工作时，你可曾问过自己，活着的意义是什么？

生活和工作，这两个简简单单的词语，几乎已经涵盖了所有人的人生。那么，如何摆正生活与工作之间的关系，就是每个人都要面对的命题。也只有捋清这两者之间的关系，我们才能更好地享受生活，也才能更加全心地投入工作。的确有人把工作无限放大，甚至把生活挤压到看不到的程度。这样的人，我们称为"工作狂"，因为他们的生命中只有工作，而没有生活。还有些人则恰恰相反，他们厌恶工作，只把工作当成是谋生的手段，因而很难做成一番事业。从本质上来说，这两种人都不是最懂得生命的人。前者把生命无限压缩，从未享受生活，后者对工作贬低，甚至从心底里排斥和抵触工作，因而也就无法感受工作的乐趣。那么，生活与工作之间的关系到底是怎样的呢？无数奔波于生活和工作之间的人经过无数次实践

第七章 解绑身心：欲望小了，不安也就少了

后，才得出一个结论：工作是为了更好地生活，而要想生活就必须工作。看到这两者之间相互依存、无法分割的关系，你一定哑然失笑了吧。生活，远远不止工作一项内容，而工作也是生活不可分割的一部分，更是通向美好生活的必经途径。

作为跨国公司中国地区的负责人，亨利几乎从上任第一天开始，就开启了"拼命三郎"模式。由于中国是新划分的地区，亨利很清楚要想让总公司满意，就必须尽快做出成绩来。他每天废寝忘食，带着全体员工日夜奋战。为此，员工们纷纷抱怨："咱们就像是机器人一样啊，简直连片刻休息也没有。"对此，亨利总是给大家加油鼓劲儿："为了未来过上好日子，咱们必须拼搏啊。少休息一会儿不算什么，再苦再累也没有红军二万五千里长征苦哇！"听到亨利这个中国通这么说，大家都哭笑不得。

亨利不仅盯着大家苦干，而且自己也废寝忘食。他已经三天没有回家了，一天之中，他除了吃饭睡觉用去几小时外，其他时间都在全心全意地工作。一个加班的夜晚，亨利突然觉得头昏昏沉沉的，左边的胳膊也有些微微发麻。他还算有些医学常识，赶紧让同事们送他去医院，还通知了他的妻子。果不其然，亨利因为过度劳累，有些轻度脑梗，需要马上治疗。看到妻子关切的眼神和心痛的泪水，亨利才意识到自己做错了，于是对送他来医院的同事说："给大家放假一天，让大家都回去休息吧。留两个值班人员就行，轮休。"妻子含着眼泪说：

"你呀你呀，那么拼命工作是为了什么呀！你口口声声说为了我和女儿更好地生活，但是，如果你突然离开了我们，我们就算有再多的钱又有什么用呢！"亨利惭愧地说："急于求成让我忘记了工作的初衷，我对不起同事们，也对不起你和女儿。我以后不会再这样了。"

如今，越来越多的猝死发生在我们身边，尤其是对于那些经常熬夜加班、长期睡眠不足的人而言，患心脑血管疾病的概率非常大，远远超乎我们的想象。最让人痛心的是，这些猝死的人大部分是正值壮年的人，就这么突然离开人世，撇下爱人、父母和年幼的孩子，让人不禁感慨唏嘘。而实际上，很多疾病都是有征兆的，也与生活习惯和工作习惯有着分不开的关系。我们唯有从现在开始努力寻求健康的生活方式，调整好工作和生活之间的关系，才能在未来的日子里更好地享受生活，更好地成就事业。

在现代社会，随着人们生活水平的不断提高，人们已经不再为温饱问题而困扰。因而，当你为了实现自身的价值而努力工作时，当你为了改善家人的生活而努力工作时，你都应该时刻记得，工作是为了更好地生活，而不是为了毁掉生活。

▶◀ **心理小贴士**

当一个人匆匆忙忙地赶路，他很难看到路边的风景，也不会注意到同行者的心情。然而，人生这趟旅程并不在于迫不及待地赶赴终点，而是要慢一些，学会欣赏，学会停留，学会与爱人、亲人执手偕老。当你觉得已经没有时间享受生活，就要放松那颗焦虑的心，慢下脚步来，等一等自己滞后的灵魂。

你的贪婪，终将成为你的枷锁

现代社会物质极大丰富，人们也陷入欲望的沟壑，被欲望的洪流带领着浮浮沉沉，甚至失去人生的方向。在欲望膨胀的今天，人心也变得支离破碎，似乎很难保持单纯善良和纯粹美好。那么，这样被物质裹挟着的生活真是如你所愿吗？你是否也曾想要逃进深山，想过那种清心寡欲，日出而作、日落而息的生活？实际上，内心的浮躁并非因为外界的吵吵嚷嚷，而是因为我们的贪婪。

人们总是想要拥有更多的金钱权势，想要住更大的房子，开更好的车……然而，在生命面前，这一切身外之物都是浮云。等到有朝一日，你虽然腰缠万贯，却失去健康和青春，你才会意识到金钱权势是多么地苍白无力，然而，此时已为时晚

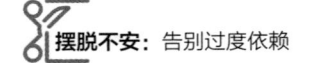

矣。与其等到不能挽回时再陷入无限的懊悔，不如从现在开始就豁达一些，努力成为欲望的主人，而不要当欲望的奴隶。唯有如此，我们才能从容地享受生活。

作为在艺术学院读书的大四学生，丽丽看起来简直像个贵妇人，而不是清纯简朴的学生。早在大一时，她就开始谈男朋友。因为家里条件不错，再加上男朋友是"富二代"，所以丽丽很快褪去青涩，成为班级里乃至全校最时髦的学生。

她几乎每天都在尝试不同的装扮，有的时候是清纯的学生风，有的时候是奢华的贵妇风，有的时候是知识女性的精明干练，有的时候是青春少女的妩媚多姿。总而言之，丽丽有很多华丽的服装，化妆品更是堆满了柜子。每当听到同学们羡慕的声音，丽丽总是觉得非常满足。尤其是当她走在校园里受到很多人瞩目时，她更是沾沾自喜。就这样，丽丽的欲望越来越膨胀，她不但要求男友为她买昂贵的衣服和化妆品，还在这次生日的时候提出让男友送她一个奢侈品牌的包包。男友尽管挥金如土，但也觉得奢侈品对他们学生而言太夸张，为此，他拒绝了丽丽的请求。

一个偶然的机会，丽丽认识了一个社会上的成功男士。这个男士是一家上市公司的老总，家里有老婆，外面还有情人，但是非常大方，居然送了一辆豪华跑车给丽丽。在诱惑下，丽丽居然答应了这位男士的请求，开始与其交往，并且住进了他位于郊外的别墅。接下来的生活里，丽丽更加一掷千金，当

第七章 解绑身心：欲望小了，不安也就少了

然，代价就是成为那位成功男士的"金丝雀"。眼看着大学毕业，很多同学都进入歌舞团、影视公司发展，丽丽却成为被圈养的小鸟儿，再也飞不起来了。

丽丽为了满足自己不断膨胀的欲望，最终选择放弃自己的事业，成为一个"金丝雀"，被富豪圈养起来。这样的结局未免让人扼腕叹息，因为人生最美好的年华也不过就是那短短几年，岂是金钱可以衡量的呢！这就是欲望的邪恶力量，让人们迷失本心，忘却初心，一味地只想不劳而获，只想待价而沽。

尤其是对于物质的欲望，简直就像是个无底洞，如果不能合理地控制自己的欲望，那么不管多少金钱和物质也无法填满这个大洞，甚至最终会让我们无限沉沦下去。看看如今越来越繁荣火爆的奢侈品市场，我们就知道有多少人在被欲望驱使。还记得《渔夫和金鱼》的故事吗？如果不是故事中的老太婆那么贪婪，也许她和渔夫就能摆脱悲惨的命运，住上豪华的房子，享用美味的食物，还有佣人贴心的伺候。然而，欲望就像一个肥皂泡，在老太婆不停地吹大这个肥皂泡之后，突然就破灭了。由此可见，要想让欲望成全生活，我们就必须合理地控制欲望，也让自己保持在理智和清醒的状态之中。

▶ 心理小贴士

你是欲望的主人，还是欲望的奴隶？在欲望面前，我们必须保持清醒的头脑，主宰自己的生活。否则，一旦我们随着欲

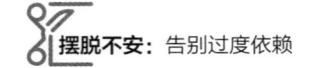

望的洪流沉浮,我们的人生就会失去方向,变得迷惘。唯有摒弃欲望,我们才能清醒、轻松地行走在人生的道路上。

适度执着,人生不是非成功不可

每个人都非常渴望成功,因为成功象征着我们的能力得到认可,象征着我们已经征服了全世界。然而,有很多人一生之中都紧紧盯着成功这个唯一目标,而且为了成功不遗余力、不择手段,最终却被成功所抛弃,甚至连成功的影子都不曾看见。他们盲目地追求成功,却忽视了生活的意义,从不曾领略生活的风景,最终导致一生碌碌无为,既不曾成功,也未曾认真地享受生活。不得不说,这样的人生是失败的。

在无限的奔波和忙碌中,人们已然忘记了生活的意义,也不再知道生活的本质。他们不停地追逐成功,盲目地信奉成功,在现代人的字典里,似乎除了"成功"再也没有其他词语了。实际上,真正的智者能够放下成功,真正的聪明人能够适度地把握对成功的追求。他们很清楚,追求成功无非是为了生活得更好,如果为了成功而把生活搅和得一团糟,那么他们的追求就是毫无意义的。

对于人生而言,成功是必需品吗?看看那些生活得平凡而又幸福的人们,他们即使没有成功,也依然活得很快乐、很幸

第七章 解绑身心：欲望小了，不安也就少了

福。反倒是那些所谓的成功人士，看似风光无限，实际上内心苍凉寂寞，根本没有机会享受真正的生活。当然，也不乏有些人把追求成功作为人生的目标之一，他们懂得成功固然重要，但更重要的是好好享受生活，不辜负生活中的每一分每一秒。因而，他们总是能把生活与成功搭配得恰到好处，也能把自己有限的精力更好地分配在这两个方面，最终既享受了生活，也获得了成功，可谓是真正的人生赢家。

很多盯着成功从不放松的人，未必能够得到成功，因为过度紧张而使自己焦虑不安。如果他们能够做最坏的打算，知道即使成功不再，也依然能够快乐幸福，那么他们就不会这么紧张焦虑，更不会把获得成功视为自己人生的唯一目标。

从农村里出来的丁丁，早在读大学期间就在为工作做准备，他不但努力学好各科文化课，还积极参加各种课外活动和社会实践，经常外出兼职，全方位提升自己。大学毕业后，丁丁拿着从系主任那里得到的充满溢美之词的推荐信，顺利地进入了一家大型国企。丁丁除了做好本职工作，还殚精竭虑地讨好领导，只为了自己的前途。

转眼间，丁丁来到单位已经五年了，如今已经成为老员工，也有了一定的资历。然而，在年终优秀员工评选时，丁丁四处通过请吃饭、送礼物等"小动作"，为自己拉票。这让与丁丁一样作为优秀员工候选人的同事们，感到愤愤不平。原本，评选优秀员工就需要考虑到各种复杂的因素，再加上丁丁

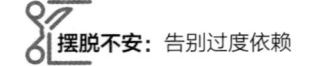

这么一搅和，使原本就非常微妙的评选进行得更加困难。后来，丁丁索性提着贵重的礼物去了领导家里。他直截了当地对领导说："张经理，这次评选对我很重要。实不相瞒，我来单位五年了，也想往上走一走。如果这次能够当选优秀员工，对我未来的升迁肯定大有好处。"张经理看着丁丁精心准备的厚礼，笑着说："丁丁，咱们单位几千号人，大家都盯着呢！我想帮你，但是心有余而力不足。我建议你还是低调一些，不要平白无故地得罪人。"张经理的话让丁丁模模糊糊地意识到了什么。因此，丁丁失望地说："好吧，三十年河东，三十年河西。既然您现在不愿意帮我，也就别怪我有朝一日铁面无情。"听到丁丁的话，张经理一时气结，从此对丁丁再也不正眼相看。

在这个事例中，丁丁的眼睛只盯着成功，一心一意想要鲤鱼跳龙门，根本没有想到要想拥有更多的支持者，首先要搞好人际关系。其实，丁丁原本并非不团结他人，而只是因为他一心一意地想要成功，所以才被成功蒙蔽了眼睛。

不管是在生活中，还是在工作中，我们最终的目的都是更好地生存。出于这个目的，我们努力工作，追求梦想。然而，一旦我们过于执着，就难免会一叶障目，导致根本看不到人生沿途的美好景色，只一味地追逐于目标。实际上，除了生命和亲人挚爱不可放弃，还有什么是人生中必不可少的呢？当你把生命中自认为重要的一切都列举出来，你就会发现有很多东西都是身外之物，根本不值得我们为之付出所有。人生，要想快乐，就要学会放手。哪怕是人人趋之若鹜的成功，智者也会有所取舍地对待它。唯有豁达，是人生必不可少的心态。

▶ 心理小贴士

年少时，我们总觉得自己非常快乐，这种快乐简单纯粹，从来不受世俗的污染。后来，我们渐渐成长，懂得更多的人情世故，也从此陷入追逐成功无法自拔的境地。我们和大多数人一样痴迷于成功，为了获得成功不惜一切代价，最终却发现原来最纯真的幸福就是简单快乐。很多时候，并非我们拥有的太少，而是我们想要的太多，所以才会在欲海中挣扎沉浮，不知所终。

崇尚简单，生活不过一日三餐

对于生活，人们总是充满了理想。因而，无数的人在追梦的过程中迷失了自我，他们不停地涌入大城市，似乎只有那里才是他们梦想的发源地。在熙熙攘攘、人流如织的大城市街头，人们不停地奔跑追逐，甚至连静下来喘息一会儿的时间都没有。在没有床时，我们渴望得到一张床；在没有自己的空间时，我们梦想着哪怕能租来自己的一间小屋……人们没有时

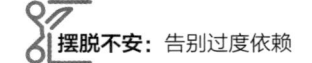

间，也从来不愿意浪费一分一秒用于休憩和调养生息。就这样，人们气喘吁吁地往前跑，恨不得跑到地老天荒。

在浙江卫视的《中国新歌声》中，导师们经常问学员：你的梦想是什么？有一个学员说，想为爸爸、妈妈在云南春暖花开的地方买套房子，这样他们就不用忍受东北老家的冰天雪地了。这个梦想感动了导师们，的确，这是一个非常平实的梦想，这个学员看起来非常憨厚，一定是对生活没有贪念的。恰恰是这样的人，脚踏实地地去做，更容易得到生活的青睐和馈赠。

其实，人活着非常简单，即使如巴菲特和比尔·盖茨那样的世界富豪，也是与普通人一样一日三餐，夜晚安睡于床铺。在得到极度丰富的物质财富之后，他们更加关注的是造福于人类。其实，作为普通人，即便没有那么多的金钱权势，我们也可以把格局放大一些，这样就不会对生活过分苛责，从而为难自己。

很久以前，有个富翁腰缠万贯，却始终郁郁寡欢。为了找到生活的快乐，他一个人背起行囊远走万水千山。富翁走着走着，来到了一片深山老林里。很快，他的食物就吃完了，他又累又饿，却不知道如何走出这片大森林。

富翁忍饥挨饿，又走了一天一夜，终于体力不支，坐在一棵大树旁休息。这时，有个猎人骑马经过，富翁如同见到救世主一般喊道："救救我呀，救救我呀！"猎人翻身下马，看

第七章 解绑身心：欲望小了，不安也就少了

着奄奄一息的富翁，问："你想得到怎样的帮助？"富翁气若游丝地说："此时此刻，我只想喝到一口清水，再来一点儿干粮。"猎人打开背包，拿出水喂到富翁的嘴里，又拿出干硬的玉米饼子，让富翁吃。富翁仿佛喝到了人间甘泉，又似乎吃到了人世间最美味的食物，不停地感谢猎人。猎人笑着说："看你的衣着打扮，一定没吃过这样的粗茶淡饭吧！"富翁热泪盈眶地说："今天，是我有史以来最幸福、最快乐的一天。在我最渴的时候能喝到水，在我最饿的时候能吃到玉米饼，我真幸福！"富翁跟随猎人一起到猎人的家中，每天跟着猎人一起打猎，一起吃粗茶淡饭，快乐极了。每当夜晚来临，他们就在散发着清香的干燥草堆里睡觉，富翁睡得特别香甜。

即使有再多的钱，也只有清水最解渴，只有真正的粮食最养人。人不可能每天都吃山珍海味，吃多了一定会腻烦，也不可能每天都饮琼浆玉液，否则肯定觉得乏味。由此可见，人真正的需求是很容易满足的，因而困扰人们的那些对功名利禄的追求，实际上都是人的心理在作怪。如果想明白了这个道理，就无须为了外物的累赘而拖累自己。当你降低了物质的欲望，也就解放了自己的心灵。

对于任何人而言，最幸福的事就是按照自己的喜好痛痛快快地活着，做自己喜欢的事情，并且感到满足和欣喜。从人生的本质来看，我们做的一切都是为了让自己获得精神的满足。既然如此，又何必在物质方面绕那么大的弯子呢！当你因为物

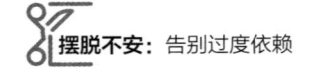

质得不到满足而焦虑不安时，你定然得不偿失。只有摒弃贪欲的人，才能得到真正的宁静喜乐，享受岁月静好的人生。

▶ 心理小贴士

古人云，"知足常乐"，真是一语道破天机。在生活中，多少不快乐的人，都是因为对生活太过苛责，从不觉得满足。倘若能够适当降低对生活的要求，把更多的注意力集中于精神的世界，那么我们一定能够减少生活的缺憾，变得更加快乐，也能够远离焦虑，尽享幸福。

你可以有所追求，但不能贪婪无度

人生，一定是要有追求的。没有追求的人生，就像是失去航向的船只，最终不知所终。在通常情况下，追求越明确，越容易对我们的人生起到指引的作用。然而，所有的追求都一定能实现吗？事实并非如此。在大多数情况下，有些幸运的人能够实现自己的追求，但是有些人虽然非常努力，却未必能够实现追求。古人云，天时、地利、人和。如果在客观条件不足的情况下，却一味地不择手段地想要实现自己的追求，则未免有些过于执着，也会使事情朝着糟糕的方向发展。

凡事皆有度，追求也是如此。当追求过度时，就不再对

第七章 解绑身心：欲望小了，不安也就少了

我们的人生起到积极正向的引导作用，而是会导致正常的追求变成贪欲，反而事与愿违。现代社会物质极大丰富，很多人都喜欢与他人攀比。例如，同事家换大房子了，那么即使你一家三口人住着三居室，空间足够使用，也要马上借钱换房；同事买车了，那么即使你家距离单位步行不超过五分钟，车也立即成为不能不买的；朋友买了一条名贵的项链，你怎么能光溜着脖子参加聚会呢，也必须去买一条……说起项链，我们难免想到莫泊桑笔下的《项链》。这条项链，给玛蒂尔德原本平凡的一生带来了莫大的改变。这就是所谓的追求，在过度之后给我们带来的负面影响。毫无疑问，人们追求更高品质的生活是没有任何错的，错就错在有些追求必须有止境，不能无限制地去纵容。过度追求不仅会让我们变得贪婪，使我们陷入贪欲的深渊，也会导致我们因此而变得焦虑不安。试想，你的心里有一个永不满足的黑洞，让你总是觉得空虚，你又如何能得到幸福和满足呢！

曾经，有个年轻人每天都郁郁寡欢，根本不知道如何才能获得快乐。为了让自己快乐起来，他不远千里找到智者，希望能够从智者这里找到快乐的秘诀。听到年轻人的描述之后，智者一语不发，起身去柴房里拿来一个破旧的背篓，让年轻人将其背在后背上。随后，智者又指着远处的青山说："你去爬那座山吧，沿途如果看到有什么好的、值得拥有的东西，你就把它们放到背篓中。"年轻人虽然疑惑不解，但是点头答应

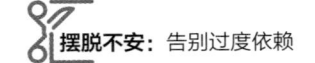

照做。他背着背筐一路往山上爬去，不管是看到奇形怪状的石头，还是看到鲜艳的野花，都毫不例外地把它们捡起来放到背筐中。就这样，年轻人越来越觉得沉重，原本轻快的步履也渐渐变得缓慢起来。

足足用了一上午的时间，他才爬上不太高的山峰，却惊讶地发现智者早已在山顶上等他了。智者问："年轻人，有何感想吗？"年轻人想了想，回答道："原本还算轻松，但是，随着背筐里的东西越来越多，我也感到越来越累。"智者笑了，说："是呀，这就是你不快乐的原因。你不停地捡起那些你认为好的东西放到背筐里，但是你的体力却是有限的。如果你能丢掉一些东西，就又会觉得步履轻盈了。这就像人生一样，一个人呱呱坠地时是无欲无求的，但随着逐渐长大，想要的东西越来越多，追求的越来越多，捡了西瓜也不愿意丢掉芝麻，因而导致内心的负担也越来越重，如何还能笑得出来呢！"

年轻人疑惑地问："那么，我应该怎么做才能再次变得轻松呢？"智者回答："减少追求。人生中美好的东西实在太多，一个人不可能什么都得到。你只需要追求你最想要的，其他无关紧要的欣赏足矣，无须占有。"听了智者的话，年轻人才恍然大悟。

追求是指引我们不断前行的方向的指南针，也是导致我们疲惫不堪的原因。因而，我们在追求很多事物的同时，必须仔细斟酌这些东西是否是我们真心想要的。如果盲目地追求一切美好的事物，而不根据自身的负重情况适当舍弃，我们的脚步必然越来越沉重而迟缓，我们的人生也必然失去跳跃的能力。

人生总是这样，有舍才有得，只有舍弃，才能得到。很多时候，我们迫不及待地想要得到一切美好的事物，最终却发现这些事物并不完全符合我们的需要。为了这些并不是真正需要的东西而耗费有限的生命和精力，岂非得不偿失？如此想来，我们应该把有限的生命投入到真正的追求中去，这样才能拥有更加充实的人生。

心理小贴士

过多的追求，不但会分散我们的精力，耗费我们的生命，而且会给我们带来莫名其妙的焦虑。因为眼睛总是盯着远方的追求，我们往往忽略了身边的美好，因而变得浮躁，无法真正静下心来享受生活。当我们因为焦虑而辗转反侧、彻夜难眠时，不如先放下目标，让自己欣赏路边的风景，哪怕只是一株野草或一朵小花，也是竭尽全力地绽放的。

第八章

克服依赖：独立才能享受爱情，绝不做攀援的凌霄花

爱情，是命运赐予人类最珍贵的礼物，然而，爱情却也让无数人为之焦虑不安，患得患失。爱情，既看不见，也摸不着，我们根本无法抓住爱情。它虽然无形，却比玻璃更容易破碎；它虽然像一团火，有时却会让人感受到彻骨的寒冷；它虽然像冰，又会在不经意间把人灼伤……它就像是人世间最珍贵也最娇嫩的东西，让我们含在嘴里怕化了，捧在手里怕摔了，简直不知所以……面对这样的爱情，我们到底怎样才能获得幸福呢？

爱与不爱，不过一念之间

在生活中，有些情侣在分手的时候会说："分手了，我们还是朋友。"这句话听起来很像是电视剧为了剧情的需要才设置的，也许正是因为现实中的年轻人看多了言情剧，所以才想出如此戏剧化的分手台词。实际上，爱与不爱，永远在天平的两端，不可能折中，更不可能并存。你爱一个人时，会对他投入很多，爱得热烈和死去活来。然而，爱情这种东西就是很奇妙，一旦你不爱对方了，马上就会与其成为陌路，甚至觉得对方的一切都与你再也毫不相干。这是为什么呢？究其原因，爱与不爱，永远是感情唯二的两种状态，对于恋人而言，只有这两种状态可以选择，别无其他的出路。既然如此，当我们在爱情中遇到无法解决的矛盾，觉得对方不爱自己了，或者自己也不再爱对方了，最好的办法就是果断分手，从此大路朝天，各走一边，再无交集。如果一味地留恋，舍不得放弃，则只会使人们纠缠于其中，这对于双方没有任何益处。再换一个角度想，你们如果从曾经的恋人成为朋友，那么当你们各自展开新的恋情时，难道真的能够坦然相对吗？所以，与其勉强装作大度维持着友情，不如真诚地面对自己的心，告诉自己：不爱了，请走开。

现实生活中还有一种现象，即原本相爱的人之间感情发生变故，其中一方不爱另一方了，但是另一方却依然沉浸在爱情中无法自拔。在这种情况下，依然爱着的那一方肯定不愿意放弃，如果埋藏在心里还好，如果总是死缠烂打，则一定会让人觉得难堪。这时，又该怎么办呢？所谓"强扭的瓜不甜"，如果我们一味地要求对方重新爱上自己显然是不可能的，最好是我们自己调整心态，学会默默地关心和远远地观望。很多时候，放手也是一种爱，而且是一种有着更高形式和更博大情怀的爱。否则，用无爱的关系把彼此束缚住，只会让一切变得糟糕透顶。

兰心和男友小风是大学同学。从大三开始，他们就成了校园里人人羡慕的情侣。大学毕业后，虽然小风觉得男人应该先立业后成家，但是无奈兰心想要拥有自己的家，因而小风还是高高兴兴地与兰心举办了婚礼。而且，兰心不管从生活上还是从事业上，都给了小风很多的帮助，从未拖累过他。

结婚之后，兰心并没有马上要孩子。她很清楚，小风必须先发展事业，一旦有了孩子就会增添很多琐事，影响他全心全意地投入事业。就这样，兰心在结婚第二年意外怀孕时，选择了放弃。又过了几年，直到小风的事业渐渐稳定，兰心也年近三十，他们才拥有了属于自己的孩子。从表面看起来，这个家庭有车有房也有钱，夫妻郎才女貌，还有活泼可爱的孩子，简

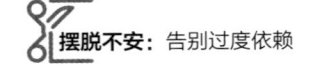

直羡煞旁人。然而好景不长,在孩子三岁的时候,兰心发现小风在外面有了婚外情。那个女孩兰心见过,就是小风的秘书,一个刚刚大学毕业的女孩,不但人长得漂亮,而且气质脱俗,在公司里总是和小风出双入对的。得知这个消息后,兰心当即向小风提出离婚,虽然小风并不想拆散家庭,而且再三向兰心保证和那个女孩只是逢场作戏,但是兰心去意已决。最终,兰心独自一个人带着孩子去了遥远的地方。妻子和孩子的离去,让小风恍然大悟:这么多年来,自己在外面底气十足,是因为有这个家的支撑啊!现在,他再也无心和秘书卿卿我我,一心一意只想求得兰心和孩子的原谅。

不得不说,小风的行为是很让人伤心的。兰心从大学毕业小风一无所有时就与他在一起,足足过了十几年的时间,才让家庭有了更好的生活。就在如此一帆风顺的时候,小风却找了其他的女人。虽然兰心为了家庭付出了很多,既没有自己的工作和事业,也没有收入,可是她毅然决然地选择离开。看看兰心的个性,我们可以看到一颗倔强、自尊、自重和自爱的心。

尽管小风口口声声请求兰心的原谅,说自己不想失去家庭,依然爱着兰心,但是兰心知道,只有不够坚定和成熟的爱,才会在诱惑面前失去原则和底线。既然不爱了,所有的金钱权势还有什么意义呢!这就像是一场旅程,最重要的不是沿途的风景,而是那个陪着你看风景的人。如果身边早已物是人非,与其纠缠不放,不如果断放手,至少还能保留尊严。

第八章　克服依赖：独立才能享受爱情，绝不做攀援的凌霄花

▶ 心理小贴士

兰心的放手其实不仅仅是放了小风，更是放了自己。倘若她勉强与小风维持着夫妻关系，却在接下来的人生中每天都胆战心惊地担心小风出轨，那么这样的生活无异于煎熬。任何情况下，我们都应该简单而又纯粹，这样才能在面对很多事情时依然保持清醒和理智，也能够果断地作出取舍。即便婚姻原本有爱，我们也应该保持高傲的心灵。不爱了，请走开！

既然爱了，就要坚定不移

很多人做事会犹豫不决，似乎有选择恐惧症，也生怕做出错误的决定，即使对于爱情，他们也总是感到迟疑。这样的人，就算有一个爱人来到他的身边，他也会患得患失，无法在第一时间就做出最果断的决定。即使爱了，也会时刻担心爱情会让他们遍体鳞伤，无法自拔。但是，人在一生之中做什么事情是没有风险的呢？可以说，任何事情都有风险。我们唯有端正态度，摆正心态，才能坦然面对人生的得失，才能张开怀抱迎接爱情。

爱，就要坦坦荡荡，就要从容不迫，就要勇敢果断，就要毫不迟疑。任何千载难逢的好机会都是转瞬即逝的，爱情也是

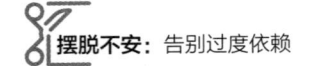

如此。如果你对于爱情迟疑不决，那么你非但无法抓住爱情的机会，还会因此而与爱人失之交臂。人生，经不起等待。看似漫长的人生，其实也就在弹指一挥间。如果总是犹豫，总是怀疑，那么我们即使最终决定去爱，也会因为迟疑而使爱情变得犹豫不定，风雨飘摇。看看那些成功人士的经历吧，他们不管做什么事情，包括对待爱情，都是非常果决的。因而，我们必须勇敢，才能拥抱和享受爱情的甘甜。

何浩对于清清，总是暧昧不清。何浩知道，清清之所以在事业上不遗余力地帮助他，就是因为对他有好感，喜欢他。他享受这份感觉，却又觉得自己欠清清太多，因而始终无法鼓起勇气向清清表达自己的真情实感。直到何浩的事业步入正轨，开始进入高速发展的阶段，他对清清也越来越忽视，清清才最终决定离开。这么多年来，她始终陪伴在何浩身边，却从未想过远方的父母多么孤独寂寞。如今，她决定回家陪伴父母，毕竟何浩已经成为事业有成的青年才俊，他们之间的距离越来越远了。

对于清清的离去，何浩第一反应是很想把她追回来。但是，一想到清清为了自己离开父母这么多年，他又迟疑了：如果我去追清清回来，她就无法陪伴父母。她已经为我付出了这么多，我继续这么自私下去，岂不是欠她更多吗？对于何浩的迟疑，好朋友林允不以为然："爱就是爱，不爱就是不爱。爱了，就要在一起，你应该向清清表白。她等了你这么多年，瞎

第八章 克服依赖：独立才能享受爱情，绝不做攀援的凌霄花

子也能看得出来。你却找各种各样的借口，从不向她表白。你要是想帮助她孝顺父母，现在完全有条件把她父母也接过来享清福啊，这都不是理由。"在林允的说服下，何浩这才鼓起勇气去清清的老家，向清清表白。果然，清清感动得热泪盈眶，当即答应了他的请求。

在这个事例中，如果何浩没有追清清回来，那么清清一定会觉得何浩不爱自己，也不会知道何浩是为了让她和家人团聚才没有追她的。爱情，很多时候不用细思量，因为爱情是很纯粹的东西，经不起反复斟酌和考验。爱，就是爱，就要义无反顾地去爱，而不要想那么多让自己犹豫和迟疑的因素，否则，爱就会摇摆不定，最终失去缘分和契机。

在任何情况下，犹豫不决都只会让爱情从你身边悄悄溜走。爱情里，聪明果断的人之所以那么幸福，是因为他们从不迟疑。尤其是在爱人的心里，一方的迟疑必然代表着爱得不够坚定，这岂不是极大的遗憾吗？因而，有的时候，爱情里有一点点霸道并非不可以，反而会让对方感受到你毋庸置疑的深爱。

▶ 心理小贴士

即使和人生同步，大多数人的爱情也并非一帆风顺的，而是会遭遇到很多坎坷和挫折。在这种情况下，我们无论遭遇怎样的困难，都应该保持坚定不移、毫不动摇的态度，否则，一

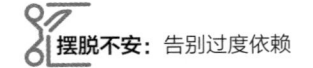

旦我们的迟疑传染给所爱的人,爱情就会前途渺茫了。

婚姻中最要不得斤斤计较

现代社会中,很多原本美好的感情都已经被物质化了。举个最简单的例子来说,原本婚姻是两个相爱的人的事情,如今却要两个家庭之间彼此较量,把原本让人喜笑颜开的婚姻变成金钱交易的筹码,让人作呕。越是在经济落后的山区或者乡村,要彩礼的风俗就越发普遍。男孩要想娶上媳妇,不但要集合全家的力量支付高昂的彩礼,甚至还要负债,才能完婚。相反,在一些经济相对发达,文化观念也比较先进的城市,早就已经没有了彩礼一说。这些落后的礼俗,不但给养育儿子的家庭带来了极大的负担,同时给年轻人之间原本纯洁无瑕的感情也蒙上了金钱的灰尘,甚至有些情侣原本已经谈婚论嫁,却因为彩礼的多少而争论不休,最终分道扬镳。

彩礼,是婚期中的计较。比彩礼更普遍,也给婚姻带来更大伤害的,是婚姻生活中的斤斤计较。很多人虽然是因为爱而走入婚姻的殿堂的——很多女孩哪怕嫁给穷小子也无怨无悔——最终却在生活的柴米油盐酱醋茶中失去耐心,也因气量狭窄,最终失去了原本该得的幸福。因而,正如一位名人说过的,婚姻的幸福不是因为得到得多,而是因为计较得少。这句

第八章 克服依赖：独立才能享受爱情，绝不做攀援的凌霄花

话简直就是婚姻生活的真谛。生活中，当无数夫妻因为鸡毛蒜皮的小事而争吵不休时，不如想想这句话吧！

毋庸置疑，在琐碎的婚姻生活中，可算账的地方实在是太多了。例如，谁做饭刷碗的次数多，去哪一方父母家过年的次数多，给哪一方父母的钱多，谁挣得多，谁为这个家花钱的次数多，谁带孩子的时间长等。这些问题一旦想起来，简直三天三夜也说不完，三年也算不清。因此，如果夫妻二人天天在这些问题上斤斤计较，快乐也就会渐行渐远。实际上，夫妻一旦成为一家，就成为利益的共同体。不管谁挣得多、谁挣得少，都是在为这个家努力付出。也不管谁花得多、谁花得少，既然，钱都是花在自家人身上，有必要分得那么清楚吗？因而，从现在开始就不要再为此计较了，否则原本刻骨铭心的爱情，也会被这些斤斤计较磨光耗尽。

宋丽是个非常精明的女孩。从小时候开始，她就比姐姐和弟弟更精明，也仗着会说话，总是把爸爸妈妈哄得很高兴，因而，爸爸妈妈就难免偏心疼爱她。后来，宋丽结婚了，她的丈夫小江家在农村，学历不高，每个月只有微薄的收入。然而，也许是因为宋丽从小娇生惯养，在和小江回老家时，她反而觉得很新鲜，很有意思。就这样，在她的坚持下，爸爸妈妈为他们操办了婚礼。

小江工作非常努力。结婚后大概七八年，小江因为表现突出，从市区调到了省城工作。如此一来，他只能两个星期坐

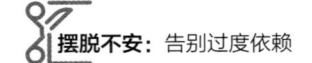

长途汽车回家一次,每次路上大概五六小时。时间长了,小江觉得很疲劳,就动了在省城买房的心思。不想,宋丽却表示反对。原来,宋丽仔细考虑过之后,算了一笔账:一旦去省城生活,虽然他们市区的房子卖掉之后可以作为在省城买房的首付款,但是每个月还是要还好几千的房贷。而且小江家里人不可能为他们买房贡献一分钱,宋丽只能找爸爸支援。最重要的是,原本小江在省城的工资足够她和女儿在市区过上不错的生活,但是一旦去了省城,就只能节衣缩食了。想到这里,她愤愤不平地说:"每次家里有事情都是我爸妈出钱,你如果想买房,就去找你爸妈借钱。而且,不能为了你一个人舒服,不用来回奔波,就让我和女儿受罪。如果保持现在的状况,虽然你一个人辛苦,但是我和女儿都会很幸福。如果你坚持要搬家也行,你必须保证我和女儿的生活质量。而且我也不会上班去挣月供的。"听了宋丽的话,小江一语不发。他的父母都是农村人,整日面朝黄土背朝天的,根本不可能借钱给他们买房。而且,一旦买房生活必然紧张,既然宋丽算得这么清楚,小江也就不再坚持买房。

如此五六年过去了,小江不再像刚开始时那样每半个月回家一次,开始找各种理由不回家,和宋丽的沟通也越来越少。宋丽独守空房,渐渐觉得不错的物质条件也并没有给自己带来幸福。

一家人不管在哪里生活,一定要团聚在一起,这才有利于夫妻感情和睦和孩子的成长。宋丽并非没有条件买房，却因为自私心理的影响，不愿意降低自己和女儿的生活质量，因而拒绝去省城买房，也不想与小江团聚。于是夫妻二人渐行渐远，也是情理之中的。如果宋丽能够不那么斤斤计较，一切以家庭大局为重，也许他们早就在省城买房团聚了。

婚姻，涉及生活中方方面面琐碎的事情。要想经营好婚姻生活，我们就必须放开心胸，不管遇到什么事情，也不管什么时候，都应以家庭大局为重，这样才能让家庭幸福和睦。

心理小贴士

生活中，总有些人自作聪明，感到自己明察秋毫，没有任何事情能够逃得过他的眼睛。殊不知，正是这种从来不吃亏的心态，让他们在婚姻生活中也同样打起了精明的小算盘，最终"赔了夫人又折兵"，悔不当初，却又为时晚矣。在真正的爱情中，一切的付出都是心甘情愿的，根本不会考量是否值得。当爱已经成为你本能的冲动，让你不计较任何得失，你又如何不幸福呢？

爱情如流沙，握不住不如扬了它

对于爱情，有些人痛恨它的不可捉摸、来去无踪，但是张小娴却说，爱情总是在患得患失的时候最美好。你虽然知道你与他彼此爱慕，但是谁也不愿意捅破那层窗户纸，因而就这样在朦胧之中你猜我猜，你侬我侬，每天就像腾云驾雾，夜晚带着美好的期盼入睡，清晨带着美好的憧憬醒来。的确，这样的爱情是让人着迷的，你不知所以地沉浸在他的一举一动之中，哪怕看到他的缺点，也觉得这缺点是可爱的，更觉得他对你有着无穷无尽的吸引力。这样的患得患失，的确会让人更加珍惜爱情，也让人知道爱情的无限美妙。然而，如果这个朦胧的阶段过去之后，你还是患得患失，那么未免要觉得伤心了。归根结底，爱情不可能永远维持这种虚无缥缈的状态，再美好的爱情也终将要尘埃落定，回归到脚踏实地的生活当中，与柴米油盐酱醋茶为伴，充满着烟火气息。

很多人因为这患得患失的爱情，心中充满恐惧，他们在尽情享受爱情的虚无缥缈之后，只想尽快回归真正的生活。然而，他们的爱人不愿意，依然喜欢这种捉迷藏似的爱情，最终导致他们心怀恐惧，生怕一不小心就会失去。与此同时，他们原本应该享受美好爱情的心，也渐渐变得焦虑不安，甚至只想要牢牢抓住爱情。然而，爱情就像流沙，握紧只会让它更快地流逝。真正的聪明人，不会试图抓住爱情，而会像放风筝那样，让爱情随风摇曳，却永远也离不开你。

路遥快30岁才开始谈恋爱。他是个爱情至上的完美主义者，总是容不下任何瑕疵。寻寻觅觅这么多年，他才找到自己

第八章　克服依赖：独立才能享受爱情，绝不做攀援的凌霄花

的意中人。然而，在确定恋爱关系并且开始同居之后，路遥却开始感到惶惑了。

原来，路遥的女朋友晓菲是个很乐观开朗的女孩，有很多同性和异性的朋友。每到周末，她并不像其他女孩一样黏着男朋友，而是希望彼此能够保留独立的空间。因此，她早早起床梳洗打扮后，就对路遥说："亲爱的，我去参加聚会了。午饭不回来吃，晚上见。"每当她高高兴兴地走了，路遥心里总是七上八下的，不知道她到底是与女性朋友约会，还是与男性朋友约会。时间长了，路遥未免有些怀疑，有一次趁着晓菲洗澡时，他偷看了晓菲的手机。如此一次、两次、三次……越发不可收拾。这天，他在手机上看到晓菲总是与一个叫作"性感男星"的男人聊天，而且语气亲昵，不由得醋意大发。等到晓菲洗完澡，他马上质问晓菲："'性感男星'是谁？为什么他还经常与你回家吃饭？难道他才是你父母眼中的未来女婿吗？晓菲听到路遥这么问，知道路遥偷看她的手机，马上生气地说："这是我的事情，你管不着！"可想而知，他们之间爆发了一场大战，晓菲一气之下回了娘家，自始至终也没有解释"性感男星"到底是谁。

直到三天后，一个男孩给路遥打电话，质问路遥为什么欺负她的姐姐，路遥才知道晓菲虽然是独生女，但是她的表弟一直在她家生活。在解释一番之后，男孩笑着说："准姐夫，你的度量也太小了，而且你也缺乏自信，根本配不上我姐。告

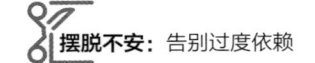

诉你吧，'性感男星'就是我，但是我姐不愿意向你解释这件事，肯定有她的理由。"果不其然，几天之后，晓菲趁着路遥不在家，拿走了自己的衣物，正式向路遥提出了分手。原来，晓菲早就觉得路遥的占有欲太强，甚至想要控制她的私人生活，因而早就不堪忍受了。

路遥因为追求完美的爱情，直到年近30岁才开始与晓菲恋爱。然而，他对于爱情的掌控欲望，让晓菲觉得喘不过气来，恨不得马上逃走。尤其是在正式确定恋爱关系并且开始同居之后，路遥更是变本加厉，在晓菲面前暴露了他对爱情的控制欲。因而，在路遥质疑时，晓菲明明可以解释，却因为想要结束这段关系，而不屑于解释。就这样，路遥与晓菲的爱情走到了终点。

"生命诚可贵，爱情价更高。若为自由故，两者皆可抛。"从这首诗中我们不难看出，自由是人最想要得到的，远远比爱情在生命中的地位更高。因而，我们在对待爱情时一定要把握好合理的度，千万不要觉得越是牢牢抓住，爱情就越会寸步不离。恰恰相反，过度的控制欲反而会使爱情逃之夭夭，也会事与愿违。对待爱情要像放风筝，要给予彼此独立的空间，要给予对方飞翔的天地，而又通过一根细细的线让彼此紧密相连。

第八章 克服依赖：独立才能享受爱情，绝不做攀援的凌霄花

▶❙ 心理小贴士

爱情，不能以任何物质衡量，它是精神和感情上的升华与共鸣。我们不管爱谁，都应该首先与对方产生感情上的共鸣，在精神上也与之达到同一高度，如此才能真正做到心意相通、志趣相投。此外，爱情也经不起衡量。每个人在爱情之中的付出都应该是心甘情愿的，千万不要斤斤计较。我们唯有对爱情保持淡定从容，才能与相爱的人平等相处，尽量避免给予对方压迫感和局促感。

信任，是爱情永远的基础

相爱的两个人，要想获得长远的发展，最重要的是什么？是灼热的爱情？还是浪漫的爱情？还是飞蛾扑火般的爱情？爱情不管多么热烈，都不可能维持长久。曾经有心理学家证实，爱情的保鲜期是很短暂的。那么，为什么那么多幸福的人能够终其一生相濡以沫地生活在一起呢？就是因为他们彼此信任，相互宽容。在任何情况下，信任都是爱情能够永恒的基石。如果没有这块坚固的基石，试想，两个原本陌生的人突然之间因为爱的冲动而紧密结合，他们不但同吃同住，还要一起面对人生的风风雨雨和各种突发状况，他们之间的关系甚至比与父

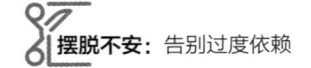

母、兄弟姐妹的关系还要密切，怎么可能没有矛盾、怀疑和质疑呢？面对生活中频发的各种状况，这两个原本陌生如今深爱的人，必须彼此信任，才能携手并肩渡过人生的艰难时刻。

　　细心的人会发现，有些人相爱时如同干柴烈火相遇，一瞬间就烧红了半边天，但是最终却如同昙花一般，很快就奄奄一息。有些人相爱呢，虽然看似平平淡淡，但是一生之中却总是能够携手渡过难关，风雨同舟，不离不弃。爱情之所以结局迥异，就是因为有的爱情有信任作为基石，有的爱情看似坚固，实则因为缺乏信任而风雨飘摇。当然，并非两个人从相爱伊始就会非常信任。大多数爱情，都是相爱的人在漫长的相处中，彼此磨合，相互宽容，最终才形成了最深刻的信任。猜忌，就像是一片海，隔开了两颗相爱的心。信任，就像是一座桥，把相爱的人的心联结在一起。要想拥有幸福的爱情和圆满的婚姻，我们就要给予爱人最大的信任。无论发生任何事情，我们都要做到对对方不离不弃，无条件信任，这样的爱情才是真正完美的爱情。

　　这个周末，李刚和杜薇又在争吵中度过。起因很简单，周六晚上，李刚提议："好不容易过个周末，别在家做饭了，咱们出去吃吧。"原本这是个很浪漫的提议，但是杜薇却马上反驳："哎哟，现在你是大款了，吃不惯我做的饭了是吧？"李刚不知道如何作答，只好实话实说："我觉得做饭太累了，好不容易休息，咱们去外面吃，你也能歇歇。"杜薇冷笑着

第八章 克服依赖：独立才能享受爱情，绝不做攀援的凌霄花

说："是呀，您现在已经吃惯了外面的饭菜，不再是那个咱们刚刚结婚时，整天缠着我给你做红烧肉的穷小子了。"李刚一时语塞："你怎么什么事情都能想偏呢！既然你不想出去吃，咱们就在家吃吧。我来给你打下手。""怎么，觉得我人老珠黄，怕带我出去给你丢脸哪！也是，带着那如花似玉的秘书出去多么有面子。"杜薇觉得越来越生气，继续说："带着小蜜出差心情好吧，打着工作的旗号度蜜月，简直乐不思蜀哇！当初要是我去创业，现在也能三心二意。"李刚的脸上红一阵白一阵，最终爆发了："没钱的时候你嫌弃我穷，现在有钱了，你看我又怎么都不顺眼！你要是不想过了，咱们就离婚！"

不想，李刚的这句气话点燃了杜薇心中的炮仗，她马上歇斯底里起来："你真是没良心！我当初下嫁给你时，你身无分文，现在你飞黄腾达了，怎么可以随口就说离婚呢？难道是外面的诱惑让你起二心了？"李刚实在无法忍受杜薇的奚落，只好摔门而出。

原本好好的周末，就这样因为杜薇的猜疑闹得两人不欢而散。其实，杜薇只是因为缺乏自信，所以对如今事业如日中天的李刚百般不放心。但是，这个周末李刚原本在积极地维护夫妻关系，她这么奚落、挖苦、讽刺李刚，只会把李刚越推越远。当李刚真的产生了结束婚姻的想法，只怕到时候杜薇哭都来不及了。

在现实生活中，当家庭需要夫妻中的一个人作出牺牲时，大部分情况下是女性朋友放弃工作和事业，回归家庭。这样一来，等到孩子长大了，女性朋友也已经人到中年，而男性则恰恰在此刻达到人生的巅峰，与作为全职家庭妇女的妻子形成强烈的对比和巨大的反差。然而，并非每个男人都是陈世美，在这种情况下，女性朋友一定要对自己有信心，不要逮到机会就对丈夫冷嘲热讽。夫妻之间的感情也经不起消耗，只有彼此信任，相互爱护，感情才会越来越深厚，彼此也才会更加珍惜。从现在开始，就让我们更加积极努力地对待爱情和婚姻吧！

▶ 心理小贴士

正如一首歌里唱的，"军功章里有我的一半也有你的一半"。的确，男人不管多么成功，都离不开在他背后默默支持他的那个女人。因此，看着男人的成功，女人们千万不要自惭形秽，更不要盲目自卑。我们唯有挺直腰杆，努力成为家里的半边天，自尊、自重、自爱，才能得到男人的尊重和喜爱。任何深厚的感情，都经不起日积月累的消耗。我们只有以谨慎的态度珍惜爱情，才能拥有幸福完美的婚姻。

第八章　克服依赖：独立才能享受爱情，绝不做攀援的凌霄花

爱情中的缘分，永远眷顾那些行动派

对于爱情，很多人都抱着迟疑不决的态度。他们或者从未感受到爱情的滋味，或者曾经受过爱情的伤害，因而一朝被蛇咬，十年怕井绳。还有些人是因为自卑，因而不敢勇敢地追求属于自己的幸福。然而，每个人的内心深处都是无比渴望爱情的。那么，在爱情悄然来到身边时，我们一定要毫不迟疑地抓住这转瞬即逝的机会。

爱情，没有一定之规，是人世间最玄妙的东西。有时，高高在上的公主也许偏偏爱上穷小子，尊贵的王子出乎所有人意料地选择了灰姑娘。正如现代社会中家庭背景相差悬殊的爱情，尽管后续的现实生活有着无穷无尽的烦恼，但是爱情偏偏就这么发生了，没有任何理由和征兆，也不会给任何人以解释和借口……实际上，爱情就是如此奇妙。很多人的相知相爱，源于一次不经意的邂逅；很多人的情深意笃，却始于最初的误解；很多人真的印证了"不是冤家不聚头"这句话，一辈子虽然打打闹闹，却爱得刻骨铭心……这就是爱情。对于不同的人，它总能幻化出不同的面貌。因而，只要有一丝一毫的机会，我们都必须勇敢地尝试，以免让爱情悄悄溜走。

尤其是当爱情朦胧而又不确定时，我们更应该怀着"宁可看错，不可放过"的心态勇敢追求和尝试。否则，如果你陷入单相思，一味地期待对方主动表白，也许就会因为对方同样腼

腆，而错过最佳的时间和最对的人。任何时候，我们都要把命运牢牢地握在自己的手中，唯有如此，我们才能真正做到积极主动，从不错过。

从大二那年，姿奇就默默地喜欢上了一位学长。这位学长不但人长得英俊帅气，而且学习成绩名列前茅，也特别有情趣。和很多邋遢的男生相比，他总是干净清爽，身上带着阳光的味道。当然，姿奇知道也有很多其他的女孩喜欢学长，不过没关系，姿奇并不准备表白，只要能够经常看到学长的身影，能够默默地关注他就好。

就这样，姿奇在单相思中大学毕业了，步入了社会。此时此刻，学长已经在一家外资企业工作一年了。为了再次看到学长，姿奇努力地学习英语，最终也进入了这家外资企业。再后来的日子，姿奇看着学长和其他女孩恋爱，却始终不敢表白。又几年过去了，学长和女友因为感情不和而分手。看着学长痛不欲生的样子，姿奇终于勇敢地迈出了一步：她请学长一起吃饭、喝酒、唱歌，想帮助学长走出痛苦。不想，喝醉之后的学长喃喃自语，口中居然呼唤着姿奇的名字。那一刻，姿奇如同被定住了，不能动弹半分，甚至连呼吸都停止了。过了好几天，姿奇外出时偶然遇到学长的前女友和朋友一同逛街。姿奇听到学长的前女友愤愤地说："他根本不爱我，他爱的是一个叫'姿奇'的女孩。我不能忍受他喝醉了就喊那个女孩的名字，所以才选择分手。"姿奇恍然大悟，原来，他们都同样羞

第八章 克服依赖：独立才能享受爱情，绝不做攀援的凌霄花

涩，也都同样不懂得开口表白，所以才会错过了这么多年。

最终，姿奇决定表白。她给学长写了一封长长的信，信中倾诉了自己这么多年来对学长的爱慕。终于，学长与姿奇真正了解了彼此的心思，成为人人都羡慕不已的一对爱侣。

姿奇和学长之所以会经历漫长的等待和诸多的挫折，只因为他们都不愿意抢先开口表白。其实，他们并非不爱对方，而只是各自都感到自卑，觉得自己还不够优秀，还配不上对方。为此，他们才一再地错过。其实，爱情里所谓的平等，就是指人们彼此相爱。所谓的身份地位、权势名利，甚至是长相和气质，都通通不重要。爱一个人，就一定要勇敢地说出来，这样即使被对方拒绝，你至少也没有辜负自己的心意。否则，你们如果都因为不好意思表白而互相错过，最终一定会遗憾终身的。

与其对爱情怀着无限的期望，活在猜测和单相思中，不如从此时此刻开始就鼓足勇气，大胆地把爱说出来。任何人的爱情都经不起等待，时光飞逝，我们只有勇敢果断地表达自己心中的那份爱，才能抓住爱情而不至于让它悄悄溜走。

▶ 心理小贴士

无论爱情的前途多么缥缈，我们都应该给自己和他人一个机会。任何事情，只有行动了才能知道结果，一味地猜测对于解决问题没有任何实质性的帮助。没有人能够预知未来

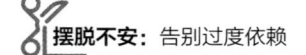

会怎样，我们唯一能做的就是把握现在。从此时此刻开始，就让我们勇敢地表达自己的爱吧，即使被拒绝，也胜过在心中将其默默埋葬！

第九章

悦纳自我：远离焦虑不安，享受当下的美好

当生活被焦虑所纠缠，它就会变成每个人的噩梦，而人们似乎被囚禁在无边无际的荒原，永远也无法逃离。实际上，焦虑的原因是多种多样的，有些人是因为懊悔而焦虑，有些人是因为杞人忧天而焦虑，还有些人是因为嫉妒和虚荣心强，或者是欲望过多。总而言之，如果不能摆正心态，焦虑总会与人如影随形。生命是短暂的且只有一次，每个人的生命都不可重来，与其为了很多已经发生或尚未发生的事情而焦虑，不如活在当下，把握住手中的幸福，从而尽享生命的美好。

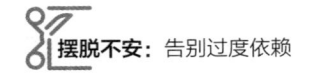

过度思考，只能让你殚精竭虑

你是否曾经有过这样的体验：一件微不足道的小事让你感到非常纠结和痛苦，甚至每天每夜都在想着这件事情，简直头痛欲裂。尤其是夜晚降临时，那件小事如同一根刺一样深深地扎在你的心里，让你失眠，不得不头脑清醒地左思右想，等到好不容易睡着了，你却在梦里继续因为这件事情而苦恼和烦躁。恭喜你，你患了焦虑症，起因就是过度思考。

人们常常在不知不觉中就会陷入过度思考的陷阱。在通常情况下，大多数人是懒于动脑，但是也不乏有些人过度思考。所谓过度思考，就是指人们对于一个问题的思考没有把握好度，因而导致自己日夜想着这件事，寝食难安。实际上，很多问题并不像我们想象中的那么复杂，也无须耗费那么多脑细胞去思考。在思考这个问题上，男性与女性是截然不同的。男性的思维模式类似于直线，总是直奔目标，他们往往不会纠结于某个问题。相反，女性的思维则更加感性，考虑的问题也更多、更冗杂。因此，女性朋友往往更容易焦虑，因为她们很擅长举一反三，尤其擅长把简单的问题复杂化。殊不知，过度思考只会让你不得从容。明智的人不会因为一个小小的问题而停

第九章 悦纳自我：远离焦虑不安，享受当下的美好

住脚步，很多问题也并非那么毫无头绪，只要厘清思路，我们就可以从容不迫地回归生活的正轨了。

小梦在广告公司做策划工作，一直以来，她的策划案都深得领导赏识。因此，当公司接到了一个大项目时，领导特意交给小梦去做。小梦接到领导的任务后，非常感激领导对她的赏识，因而马上投入工作，只为了给领导一个满意的交代。

因为这个项目关系到公司未来与对方的合作，因而小梦简直竭尽全力。不想，原本文思泉涌的她却遭遇"瓶颈"，虽然接连奋战好几天，却依然没有灵感。小梦有些崩溃，因为再过两天就是交工的日子。为此，她向好友求助，好友不以为然地说："你呀，就是缺乏放松。这样吧，咱们今晚去唱歌，好好地怒吼一番，你就可以放下这个项目，彻底忘记它了。"小梦尴尬地笑着说："那我岂不是更没法完成工作了？你可知道，我最近几天废寝忘食，都是为了工作，连做梦都梦到项目的事情呢！"好友笑说："所以你才缺乏灵感哪！脑细胞都快被你累死了！不要紧张啦，走吧，车到山前必有路。"就这样，好友把小梦拉去吃饭喝酒，然后又到了歌厅。一番声嘶力竭的怒吼之后，小梦觉得累极了。她浑身疲惫地回到家里，没有洗漱就和衣而卧。睡到半夜，小梦突然脑海中灵光一闪，出现了一个绝妙的好创意。她赶紧起床打开电脑，连夜奋战到天明，一个堪称完美的创意横空出世，小梦就这样很快地完成了领导安排的任务。

175

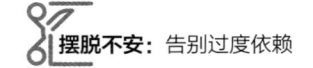

在这个事例中,小梦之所以灵感枯竭,就是因为她过度思考,导致思维僵化。幸亏好友在关键时刻带她尽情放松,才让她在彻底忘记工作之后,找回了久违的灵感。这样的妙手偶得,一定能够让她的创意更加充满灵气,也更容易得到领导的认可和肯定。

在很多情况下,一刻不停地思考的确会让我们感到疲惫。举个最简单的例子,很多高三学生在高考之前,都会停止复习,让自己放松一两天。如此一来,他们的临场发挥反而更好,更容易取得好成绩。当然,放空自己的方式多种多样,我们未必要去唱歌跳舞或者吃饭喝酒。如果你爱好音乐,也可以去听听音乐;如果你喜欢插花,不妨静下心来插花。总而言之,只要是能够让你全身心地忘记思考的事情,你都可以去做。只要达到真正的放松,你就能够如愿以偿。

▶ 心理小贴士

生活越来越紧张,我们的大脑也像是一架高速运转的机器,难免会觉得疲劳不堪。在这种情况下,一定要及时给予大脑充分的休息,千万不要让大脑过度疲劳,最终失去动力。休息的方式有很多,比如我们可以给自己一个安安静静的午后,也可以让自己远离喧嚣的都市,回到空气清新、满目翠绿的乡间。

摆脱了不安,就能从容应对失败或成功

很多时候,我们因为失败而焦虑,或者因为追求成功而焦虑。殊不知,不管因为成功还是失败,这都是严重的焦虑症,还会影响我们未来的成功或者失败。因此,你的损失会因为焦虑而变为双倍,可谓得不偿失。聪明人不会因为已经成为既定事实的成功或失败而焦虑,相反,他们会从失败中吸取经验教训,从成功中获得力量与自信,再接再厉,从而保证自己未来取得更好的发展,取得更多的收获。

在现代社会,完美主义已成为一种流行病。每个人虽然都生活在紧张忙碌之中,但是却越发吹毛求疵,恨不得凡事都能尽善尽美。他们所不知道的是,追求完美恰恰是焦虑的根源,越是追求完美的人,越是难以得到满足。他们总是对自己的方方面面不满意,甚至因为极度焦虑,恨不得打破这个旧世界,为自己塑造一个全新的、完美的新世界。然而,这当然是不可能的。为此,他们只能日复一日被焦虑折磨,从此变得更加沮丧。从心理学的角度来说,完美主义者的焦虑症其实是严重的心理疾病,他们总是生活在完美的理想和不尽如人意的现实之间的深刻矛盾里,这个矛盾却是永远都无法调和的。因而,要想摆脱以此引发的焦虑,我们就必须摆正心态,更加坦然地面对成功与失败,从而获得人生的淡定从容。

娜娜是一个典型的完美主义者,她从小上学就很追求完

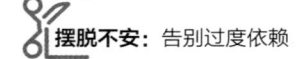

美，总是不允许自己的作业错一个字，也不允许自己犯任何微小的错误。因为这样，她可谓吃足了苦头，作业本经常是写错了就撕掉一页，因而用到最后就只剩下几页纸了。随着年龄的增长，娜娜追求完美的特点非但没有减弱，反而变得越发严重。大学毕业后，很多同学都尽快找到了工作，唯有娜娜因为吹毛求疵，花了半年多才找到相对合适的工作。

之所以说是相对合适，是因为娜娜对这份工作并非完全满意。她住在北城，工作单位在南城，未免有些远了。为此，娜娜在通过试用期之后就忙着搬家，她想住在单位旁边，每天睡到"自然醒"。在单位里，娜娜主要负责行政事务。工作中，她追求完美的特点几乎发挥到极致。只要是同事们提交上来的报表有任何一点儿瑕疵，娜娜就会打回去，让他们重做。同事们一开始还对此不以为意，但是日久天长却未免牢骚满腹。毕竟，每个人每天的工作量都是很大的，如果总是因为一些小小的瑕疵就必须重复无用功，那么就会极大地浪费大家的时间和精力，让大家的工作量成倍增长。虽然也曾有人给娜娜提出过意见和建议，但是娜娜却很难改正。她很清楚，自己追求完美由来已久，并非说改就能改正的。最终，大家给上司联名上书反映娜娜的工作态度有问题，娜娜只好主动申请调动到销售岗位，这样她就无须负责大家的工作，而只要做好自己的分内之事就好，她的完美主义情结也就不会影响大家的工作了。

在这个事例中，娜娜因为过于追求完美，不但给自己带来了很多苦恼，使自己陷入焦虑，也给同事们带来了很多麻烦。然而，娜娜在短时间内又无法改变自己，因而只好调换工作岗位，让自己只需要为自己负责，没有机会给他人提出过分苛刻的要求。因为追求完美，娜娜不能在自己喜欢的工作岗位上工作，而只能勉为其难地从事其他工作，不得不说是一种莫大的遗憾。其实，追求完美不但会让我们陷入焦虑，也会影响我们未来的发展。因而，我们必须戒掉完美主义的毛病，给予自己一个更好的生存和发展空间。

不管是在生活中还是在工作中，每个人都追求成功。然而，成功并非生活的必需品，我们必须摆正心态，不能因为一时的成功或失败而让自己陷入焦虑，坦然从容地面对未来的生活，这样才能最大程度地发挥自己的能力，让自己的人生更加开阔。

▶心理小贴士

你如果也是一名完美主义者，并因为对成功和失败过于执着而焦虑不堪，那么你从现在开始就应该让自己的心放松一些，毕竟人生中除了成功还有很多值得我们追求的东西，也有很多值得我们用心对待的人和事。很多事情一旦成为执念，就会让我们苦不堪言。放开外物，也是放过我们自己。

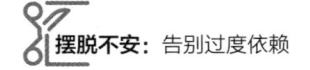

换个角度看问题，缺点也是优点

完美的人生，当然人人都趋之若鹜。遗憾的是，这个世界上根本没有真正的完美。在大多数情况下，人们不得不接受人生的缺憾，也不得不接受自己的不完美，这就是人生的无奈。然而，很多人偏偏不愿意妥协，就要追求完美，如此只会让自己陷入焦虑的深渊，被无法调和的完美与缺憾之间的矛盾，逼得无法忍受。

很多人的人生都以完美为目标，其实这么做只会让自己远离幸福和快乐。记得曾经在一个论坛里看到，有个男人有洁癖，每天都要拖地，而且每次要拖三遍：第一遍用加入了洗衣液的水，第二遍和第三遍用清水。对于这个男人的洁癖，原本应该乐得清闲的媳妇都大呼难以忍受。不仅如此，这个男人一旦看到地上有任何水渍或者灰尘，就感到浑身不舒服，也无法忍受。要知道，生活是柴米油盐酱醋茶，是接地气、有人气，而不可能纤尘不染得就像人间仙境。可以想象，那个男人自己也必然觉得很焦虑，因为只要人在家里，他就会情不自禁地盯着地面，从而导致自己根本无法放松下来。

人生肯定是会有缺憾的，从某种意义上说，人生正因为有了缺憾的存在，才变得更加完美。既然缺憾无法改变，我们不如换个角度看待缺憾。其实，人生的很多事情都取决于我们的心态，这就像是恋爱中的人"情人眼里出西施"一样，一个女孩即使再丑，只要你爱她，也觉得她美若天仙。我们如果不是抱着排斥的态度，而是抱着欣赏的态度去接纳缺憾，就能够发现缺憾的可取之处，使其成为可以为我们所用的优点。这就是转换角度和心态的神奇作用。

作为一个果农，约翰好多年来一直在地处偏僻、气候寒冷的高原上种植果树，只为了给那些老主顾最好的水果。约翰主要种植苹果，因为苹果便于储存，也方便运输。每年，为了提高苹果的甜度，约翰都会等到霜降之后再摘苹果，这样顾客们才能吃到清甜甘冽的苹果。然而，这年冬天，气温突降，正当约翰等着霜降之后摘苹果时，却突然降下了大冰雹。短短的几小时，原本红艳艳的苹果就变得坑坑洼洼、伤痕累累。约翰心痛不已，这可是他一年辛苦劳作的成果呀，就这样付诸东流了。最关键的是，约翰的客户都是老主顾，如果今年的苹果不能让他们满意，那么他们一旦从其他渠道买到美味可口的苹果，也许就不再对约翰忠心耿耿了。

约翰恼火地蹲在果园里，随手从地上捡起一个丑陋的苹果啃了起来。突然间，他惊喜地发现这个看起来丑陋不堪的苹果，居然非常清脆可口，而且甜度更高，汁水更多。约翰再次盯着苹果丑陋的外表，若有所思。最终，他想出了一个好主意。他像往常一样把苹果打包，但是他精心地写了一封信，塞在苹果箱子里。他在信里写道："亲爱的顾客们，这次的苹果因为高原上气候多变，遭遇了冰雹，导致原本红艳艳的大苹果

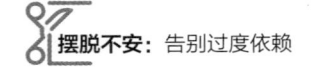

全毁了容。幸好，苹果虽然看起来丑，但是品质没有改变，甚至有所提高。高原的恶劣气候孕育出了最高品质的果实，也因此它们才变得面目全非。不过，看在风味独特的果糖的份儿上，请你们原谅这不那么招人喜爱的苹果吧。相信我，只要吃上第一口，你们就会爱上这个'灰姑娘'的。"顾客们读了这封信，在好奇心的驱使下，都迫不及待地品尝了苹果。果然，"灰姑娘"没让他们失望，他们甚至期待着第二年还有这样美味的苹果可以享用。

原本，苹果遭遇冰雹之后变得面目全非，失去卖相，但是约翰却在伤心之余发现了苹果的独特风味，因而把这个缺点转化为优点，向客户大力推荐。果不其然，这种"灰姑娘"苹果，得到了大家的一致好评，毕竟大家对于苹果的终极追求是口感，而不是华而不实的外表。也因为约翰的大力宣传，大家还把苹果的累累伤痕作为产自高原的独特标志，使得约翰的苹果也打出了自己的品牌。

因为换了个视角看问题，约翰非但没有失去一年辛苦劳作的成果，反而真正做到了让自己的苹果与众不同。从此以后，只怕人们只认约翰的"灰姑娘"牌苹果了。在现实生活中，你是不是也曾有无限懊恼的时刻呢！与其抱怨，不如像约翰一样努力发现缺憾的反面吧，也许那会帮助你收获意外的惊喜。

▶ 心理小贴士

一个人从婴儿时期开始到长大成人，似乎一直在被灌输做事要尽善尽美的观念。实际上，这样的教育无疑是片面的，最终也将会是失败的。我们只有努力接受客观存在的事实，真诚地拥抱那些无法改变的缺憾，带着欣赏的眼光去发现它们的美好，才能彻底扭转局面，迎来柳暗花明又一村。

你可以未雨绸缪，但不能杞人忧天

既然生活充满了未知，为了让自己在事到临头时少一些仓皇，多一些从容，我们理应未雨绸缪。的确，未雨绸缪能让我们在事情发生之前就心中有数，做好预案，也能让我们在突如其来的意外事故中多一些镇定。然而，凡事皆有度，如果未雨绸缪过分了，就会变成杞人忧天，导致人们为了还没有发生的事情而惶惶不可终日，反而透支了现在的幸福快乐，使自己过早地坠入焦虑不安的深渊。因此，我们必须把握好未雨绸缪的度，不要因为未雨绸缪过度而变得杞人忧天。

人应该活在当下。只有把握好手中的幸福，我们才能真正享受幸福。很多朋友们习惯于提前规划人生，当然，做好人生的规划，给自己制订长远的目标，是没错的。唯一需要注意的

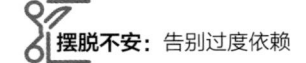

是，我们不能纠结于很多未发生事情的细节，否则就会因为纠结而导致一事无成。这就像是一个人面对着成功的机会，虽然要预想最坏的结果，但是也不能过多地考虑细节。只要觉得自己应该奋力一搏，就应该放开手脚努力去做。否则，再好的机会也会因为你的犹豫不决而从指缝中溜走，导致你无法更好地把控未来。

皮特即将大学毕业，看到同学们四处奔波找工作，自己却很难找到称心如意的工作，他突然萌生了一个大胆的想法，即自己创业。对于一个即将毕业的学生而言，既没有充足的资金，也没有任何工作的经验，创业无疑是需要承担极大风险的。不过，皮特还是很理智的，他进行了详细周密的市场调研，最终发现电商创业是风险小、成功率高的最好选择。因此，他郑重其事地准备了一份创业计划，并且将其呈交给父母看。

看到皮特的创业计划，父母虽然觉得有风险，但是很愿意支持皮特。毕竟，刚毕业就创业，即使没有成功，也将会是人生宝贵的经验。不过此时，皮特却有些犹豫：归根结底，父母的钱也都是辛苦攒下的血汗钱，如果创业失败付诸东流，就太对不起父母的信任了。看到皮特原本的热情渐渐消退，父亲不解地问："你为什么还不开始行动？"皮特把自己的担心告诉了父亲，父亲笑着说："不要盯着模糊的远方，而要把握清晰的现在。如果始终瞻前顾后，那么你注定一事无成。再说，谁不是站在失败的阶梯上前进的呢？因此，失败也不像你想象的那样可怕。"听了父亲的话，皮特鼓起勇气再次前行。他微笑着告诉自己："我能行，我一定会竭尽全力。"虽然很多同学都给皮特列举了电商创业的艰难和障碍，但是皮特依然一往无前。在经历了一年多的起伏之后，皮特的电商卖场终于初具规模，而此时此刻，大多数同学还在适应新单位。

任何事情，只有去做了，才能知道结果如何。因此，在我们做出最坏的打算，也衡量了利弊之后，就应该马上着手去做。未来的确很可怕，因为没有人知道会发生什么；未来也的确很可爱，因为它总能带给我们无限的惊喜。对于准备好的人，不管是惊喜还是惊吓，这一切都不足为惧，因为人总是行走在路上，在不断地尝试和勇敢行进的途中逐渐接近成功。

针对人们无穷无尽的焦虑，曾经有心理学家进行了研究，结果证实人们关于未来的焦虑中，大概有70%的焦虑是毫无意义且根本不会发生的。人生之所以充满吸引力，就是因为它的未知。既然如此，对于还未发生的事情，我们又何必要认真地焦虑呢！尤其是一些不值一提的小事情，它们就是一些偶然事件，而不代表任何意味和征兆，因此我们完全无须神经过度紧张。虽然人们常说"不怕一万，就怕万一"，但是万一在没有成为真正发生的事情之前，其实是无法对人构成任何伤害的。因而，聪明的人只会以此为警示做心理准备，却不会为了这些模糊的未来而焦虑不安。

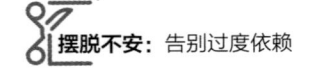

▶ 心理小贴士

人们常说要为明天做准备，或者机会总是留给有准备的人，实际上，每个今天都是完全独立的一天，因为没有人知道明天到底会不会来，也不会知道明天会以怎样的姿态突然降临到我们的生活。既然如此，每个人都应该认真活好每一个今天。在任何情况下，一味空虚地思考都于事无补，只有切实地展开行动才能最大程度改变现状。

对抗与不承认，不过是自欺欺人

在人生旅程中，有些人会因为巨大的灾难突然降临，而关闭自己的心门，拒不承认灾难的存在。这种逃避灾难的方式，就像是鸵鸟遇到危险时埋头于沙坑，完全是徒劳的。也像是中国古代掩耳盗铃的故事，完全是自欺欺人。的确，有些灾难突然降临，让毫无准备的人们根本无法接受。惊慌失措时，暂时的逃避的确能够给人们更多的时间和空间去消化灾难，但是一味地躲避于事无补。若你始终拒绝承认灾难的到来以及由灾难引起的恶劣后果，你就永远也无法走出灾难的阴影。

怎样才能战胜灾难？每个人都有自己的心理疗愈方式，但是大家的共同点在于，我们必须先接受灾难，然后才能疗愈灾

第九章　悦纳自我：远离焦虑不安，享受当下的美好

难带来的创伤。在生活中，很多人因为对于理想的执着追求陷入内心的焦虑，以至无法自处。当抱怨人生没有乐趣时，不如思考如何用平和的心态对待人生吧。你只有少安毋躁，才能静下心来感受沿途风景的美，领略人生的别样姿态。

很久以前，有个人总是抱怨自己的人生充满痛苦，霉运连连，似乎从未有守得云开见月明的时候。因此，他四处寻访智者，想要找到快乐的秘诀。他走遍千山万水，终于找到隐居深山的智者。他跪拜在智者面前，虔诚地问："如何才能得到快乐的人生呢？为什么我的人生总是这么糟糕？"智者低头不语，过了很久才说："你如果能找到一个对人生完全满意的人，你就会像他一样拥有快乐完满的人生。"这个人领命而去，开始四处寻找对人生满意的人。

他不停地走啊走，问过普通的村民，问过教书的先生，问过很有钱的财主，也问过那些穷得衣不蔽体的人们。最终的结果出乎他的预料，因为所有人都对人生不满意。思来想去，他决定问问高高在上的天子——皇帝。在他想来，皇帝一定是对人生非常满意的，否则，还有谁能对人生满意呢！就这样，他等候在京城的路边，希望有朝一日皇帝路过的时候，能解开心中的困惑。经过漫长的等待，他好不容易等到皇帝出巡，赶紧冒死拦住，问皇帝："吾皇万岁万岁万万岁！您对人生感到满足吗？"皇帝摇摇头，说："我每日日理万机，不但为国家社稷殚精竭虑，还要处理各种杂事，怎么快乐！最快乐的应该

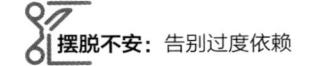

是街头的流浪汉，他们只需要对自己负责，吃饱喝足了就晒太阳，多么惬意呀！"听到皇帝的话，这个人恍然大悟，赶紧叩谢皇帝，去问街头的流浪汉同样的问题。流浪汉听到他的问题哈哈大笑，说："我衣不蔽体，食不果腹，连最基本的温饱都无法实现，有什么可满足的呢！"说到这里，流浪汉说："我倒是羡慕你呢，有家，有老婆和孩子，有营生，还有什么不满足的呢！"流浪汉的话让他恍然大悟，就连皇帝都羡慕的流浪汉，原来也有自己的苦恼。既然如此，他也就不再寻找对人生完全满足的人，因为那样的人是根本不存在的。

不管我们对人生多么不满意，我们都必须努力认真地活下去。不管人生有多少缺憾，这都是我们必须接受的人生的本来面貌。因此，要想获得生活的幸福和快乐，我们就必须承认和接受人生的缺憾。否则，我们就会陷入焦虑不安之中，再也无法逃脱。

当现实无法让人满意，每个人都不会安于现状，而是会努力地改变现状。既然如此，抱怨当然没有任何作用，我们唯一该做的就是接受现实，然后理智地分析现实，从而最大限度地弥补缺憾，让自己的人生趋于完美。

▶ 心理小贴士

在人生的路上，我们总会遇到各种各样的突发情况，有的时候是惊喜，有的时候是惊吓，甚至有时它们还会给我们的人生带来无法弥补的缺憾。对于这样的境况,你是选择逃避,还是选择勇敢面对或者坦然接受?一味地逃避只会让我们更加焦虑不安,唯有勇敢面对,才能让我们得到真正的快乐,感受生命的宁静与淡然。

接受缺憾,人生没有完美

很多人不但觉得自己长得不够完美,也觉得自己的人生不够完美。其实,这种感受是完全正确的,因为这个世界上根本没有完美的人和事。当母亲怀胎十月辛苦地带你来到人世,你的眼睛也许有点儿小,你的嘴巴也许有点儿大,你的鼻梁还不高挺,你的皮肤也不够白皙……总而言之,随着年龄的增长,你对生命的惊喜与赞叹渐渐减弱,反而挑出自己无数毛病。金无足赤,人无完人,你又怎么可能要求自己美若天仙呢!至于人生,则受到更多方面的影响,更加难以如愿以偿。

细心的人会发现,几乎每个人的人生都会有坎坷和挫折,也由此生出了无数的不满意和缺憾。当我们因为人生的缺憾而焦虑不安时,我们一定会失去更多。正如泰戈尔所说的:"如果你因为失去太阳而哭泣,那么你也会错过群星。"既然缺憾已然存在,且无法更改,那么我们唯一能做的就是尽力弥补缺憾,接受现实,选择更好的方式扬长避短,帮助自己赢得精彩

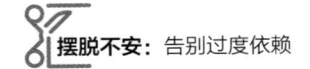

的人生，而绝对不是自暴自弃、怨天尤人，否则，你一定会有更大的遗憾。

任何人的人生都不可能完美。要想过得乐观从容，我们就要拥有博大宽容的胸怀。试想，如果一个人连自己都不能原谅，那么他又怎么可能容纳这个世界呢！拥有怎样的人生，从某种意义上说其实取决于我们的心态。当我们积极乐观开朗，我们就会拥有美好的人生。当我们消极悲观失望，即使现状并不那么糟糕，我们也会因为情绪消沉而使一切朝着事与愿违的方向发展。人生不可能没有缺憾，而唯有接受缺憾，包容缺憾，与缺憾和谐共生，我们才能更好地享受人生。

土耳其的大富豪萨班哲，他的庄园遍布土耳其的每一个角落，他庞大的产业也在土耳其随处可见。他的产业是以他名字的首字母"SA"为标志的，每一个土耳其公民都曾看到过这个标志。然而，就是这样一位富可敌国的大富豪，却有一个让人百思不得其解的癖好。他花重金请来很多漫画家，并且将他们集中在一间很大、很安逸舒适的工作室里。而他交给这些漫画家的任务就是：给他画漫画像，谁把他画得最丑，就奖励谁巨额奖金。因此，这些漫画家都认真细致地观察他，并且极力放大他的缺点，争取把他画到最丑。有些漫画家还把他的小小缺点无限夸张，例如，因为他面部有一个小黑痣，就把他的整个脑袋画得黑黢黢的。每当经历过紧张忙碌的工作，萨班哲最喜欢做的事情就是来到漫画家们工作的地方，满怀愉悦的心情欣赏自己的画像。和平日里已经把耳朵磨出老茧的赞美完全不同，这些画像让他感到耳目一新，也觉得非常有趣。原来，他除了成功的面貌外，还有这么多的"独特之处"呀！

人们不理解，为什么萨班哲不通过照镜子的方式了解自己，而要自我作践，让漫画家把他画得那么丑陋不堪。其实，他并非大家所猜测的那样古怪，也并不是猎奇，更不是为了惩罚自己，而只是想要了解自己的更多侧面。很多人不知道，萨班哲尽管事业有成，但是他的儿女都有神经发育问题，在智力发展上存在着难以逾越的障碍。作为一个大富豪，萨班哲却遭到命运如此残酷的折磨，可谓大不幸。他虽然在很多人眼里是无所不能的成功人士，但是他在命运的捉弄面前却如此无力。因而，作为父亲的他只能坦然接受现实，勇敢地面对一双儿女。他给予他们无限的疼爱，就像所有父亲疼爱自己健康可爱的孩子一样。如果没有强大的内心，他不可能做到这一点。为此，他以漫画的方式，让漫画家们展现他最不堪的一面，却在观赏时依然保持愉悦的心情。通过这种方法，他学会了接受自己的面目，也学会了接受人生的缺憾。

萨班哲的办法很特别，先是用漫画的丑化接受自己，再通过接受自己的相貌来接受人生的缺憾。的确，不论是天生的长相，还是充满波折的命运，一旦发生，都是无法改变的。要想尽量弥补或者主宰命运，我们只能先尽量接纳现实，然后再寻求最好的方式来创造美好的未来。

曾经有位哲人说，假如我们能够坦然接受所有的事实，就能够节省焦虑的时间和精力，将其用于更加有意义的事情，努力创造美好的未来。这位哲学家说得很有道理。既然很多事情已经发生且无法改变，我们与其徒然悲伤，不如把有限的时间和精力用来做更有意义的事情。如此一来，我们就会由对事实的抵触，转为对事实的接受和悦纳，从而更好地面对这一切，也积极地改变这一切。

▶ 心理小贴士

在人生的漫长旅途上，没有人会一帆风顺，也没有人能够始终顺遂如意。我们唯有学会接受和适应现实，才能坦然地走过人生。在很多情况下，人生的缺憾是无法弥补的，你越是与其对抗，就越是感到痛苦。而只有坦然接受它们，从容面对它们，我们才能真正做到拥抱人生，享受人生。

第十章

你为什么总是焦虑不安：没有勇气？缺乏信心？

人，为什么会焦虑呢？是因为缺乏信心，是因为对未知的恐惧，是因为无法把控一切的仓皇……焦虑的原因多种多样，焦虑的症状也形形色色，但归根结底，还是因为不够自信。如果不管面对何种困境我们都能做到坦然从容，那么焦虑就无法左右我们的心绪，更无法控制我们的心情。可见，心魔在我们自己的心中。我们只有突破自身的局限，才能镇定自若地面对生命中的喜怒哀乐。

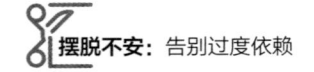

人生，失去什么都不能失去希望

希望之于人生，就像是灯塔之于在茫茫大海上航行的船只，前者永远为后者指明方向。尤其是在海面风起云涌、雾气弥漫的时候，灯塔的作用就更加凸显出来。因此，海岸边一定会有灯塔的指引。正如人生，如果没有希望，就会像没头苍蝇一样，误打误撞却无法到达目的地。

在希望的指引下，人们会勇往直前，目标专一，即使遭遇一些坎坷挫折，也能顺利地渡过难关。相反，如果一个人没有希望的指引，在前进的道路上一定会更多地关注那些坎坷和荆棘，最终被扰乱心神，无法全心全意地为自己扫除障碍。这就是希望的力量，它不但为我们指明方向，也助我们披荆斩棘。

乔恩的家非常贫穷，他的父亲是个渔民。然而，最近海上气候变化无常，经常时而风平浪静，时而狂风大作。父亲在一次出海时，居然遭遇飓风，导致家里唯一的小船支离破碎。父亲好不容易才凭着坚强的信念上了岸，挣扎着回到家里，然后就病倒了。这时，债主们却纷纷闻讯赶来，向乔恩的母亲逼债。看着病得昏昏沉沉的父亲，和年幼的孩子，乔恩的母亲整日以泪洗面，却无计可施。乔恩思来想去，决定奋力一搏。他

第十章 你为什么总是焦虑不安：没有勇气？缺乏信心？

为自己煮了一碗浓浓的姜茶，一口气喝了下去，又喝了几口父亲的烈酒，就义无反顾地走出家门。

来到寒风凛冽的海边，乔恩无所畏惧地脱掉衣服，光着身子，背着两个鱼篓冲进了海里。原来，乔恩想要捕捉一种喜欢温暖的鱼。既然没有船了，他就用自己的体温当诱饵。果然，当乔恩被冰冷的海水冻得牙齿直响时，那些小鱼开始横冲直撞地向乔恩游过来。因为温暖，乔恩的腋窝、腿弯和柔软的腹部，都聚集着这些珍贵的小鱼。他赶紧用双手摸鱼装进鱼篓，心中燃起了无尽的希望。就这样，乔恩连续很多天都用这种方法捕鱼。把鱼卖掉后，他不但偿还了债务，还为父亲治好了病。看到母亲泪眼婆娑的样子，乔恩一本正经地说："妈妈，只要有希望，我们就能活下去。"

还是少年的乔恩，凭着心中的希望和信念，扛起了家庭的重任。因为心中的希望，他才能在姜茶和烈酒的支撑下，在刺骨的寒风中走入冰冷的海水里，为家人捕鱼。这样勇敢的行为，没有很大的希望，是不可能做出来的。实际上，不管你是出身贫穷还是出身富贵，没有一个人的人生是一帆风顺的。换言之，过于平坦的人生也必然缺乏分量。民间有句俗话叫"穷人的孩子早当家"。乔恩就是这样的穷苦孩子，他虽然过早地肩负起重任，但也历练了自己。朋友们，你们是否也曾抱怨命运的捉弄和不公呢！与其抱怨，不如从现在开始就努力肩负起责任，让自己变得更加强大。任何时候，我们都要记住，只要

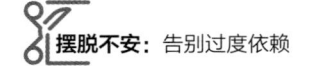

心中有希望之火在熊熊燃烧，我们的人生就不会迷失方向。

人生就像是在大海里逆水行舟，风平浪静时还算容易，风雨交加时更显艰难。而无论如何，我们都应该保持希望之心，这样才能冲破重重阻碍，为自己赢得新生的力量。

▶◀ 心理小贴士

在生活中，很多人喜欢抱怨，把一切遇到的苦难都归于命运的不公平。其实，这个世界上根本就没有绝对的公平，失败和成功也并非命中注定的。任何时候，我们只有不屈服于命运的安排，奋起反击，才能在遭遇困难时，鼓起信心和勇气，勇往直前。

只要你不畏惧，现实就并不可怕

大部分人对于未知感到恐惧，因为那种毫无把握的感觉让人抓狂；而当生活不如意时，人们也会对现实感到恐惧，甚至想要迫不及待地逃离。然而，能逃到哪里呢？面对生命的万般不如意，除了怯懦的人会选择结束生命外，对于大部分人来说，最终的解决之道只能是面对。逃避只是短暂的遗忘，只有坦然面对才能彻底地得到解脱。而生活又偏偏如此状况百出，甚至有时根本不给人喘息的机会。在这种情况下，我们必须勇

第十章 你为什么总是焦虑不安：没有勇气？缺乏信心？

敢面对现实，否则一定会被现实逼迫得无法喘息。

每个人都会感到恐惧，尤其是当生活让人无法招架时。有的时候，生活会一帆风顺，风和日丽，让人得意忘形。然而，有的时候，生活就像一辆有着巨大车轮的车"轰隆隆"地碾过，大有恨不得毁灭一切的气势。面对此情此景，你是不是感到非常害怕？其实，现实远远不像我们想象中的那么可怕。既然现实是无法逃避的，我们只有迎头赶上，直接面对。如此心意坚决，你就能心无旁骛，无所畏惧。当我们想好最坏的结果，也就不会再患得患失，因为最坏的结果不过如此。

曾经，有一位国外的心理学家进行过一项心理实验。他带领学生们来到一间漆黑的屋子里，引导学生们顺次走到屋子的对面。等到学生们都安全到达对面之后，他打开房间里一盏昏暗的灯，让学生们看看来时的路。这一看，学生们都情不自禁地倒吸了一口冷气。原来，在他们刚才经过的地方，有一个非常大的深坑，里面全是吐着红芯子的毒蛇，正在翘首以望。而他们之所以顺次经过，只是因为深坑上面只有一座非常狭窄的小桥，他们刚才正是鱼贯走过了这座小桥，如果稍有闪失，脚下一歪，就会成为毒蛇的美食。

心理学家问面色骇然的学生们："你们已经看到了屋子里的情况，现在，还有谁愿意从桥上通过呢？"学生们面面相觑，谁也不敢主动请缨。过了足足几分钟，才有一个学生表示愿意再次尝试。但是他刚刚走到桥上，就不由自主地往脚下

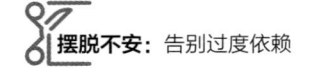

看，变得胆战心惊，为了避免坠桥，不得不趴下身体从桥上爬过。看到此情此景，在场的学生们为他捏了一把汗，大家都鸦雀无声，连大气也不敢出。好不容易等到这个学生爬着过了桥，心理学家又打开了好几盏灯，屋内瞬间亮白如昼，学生们清晰地看到深坑上原来是罩着一层有机玻璃的。然而，即便如此，面对心理学家的询问，依然没有几个学生愿意过桥。他们不停地问心理学家："这层玻璃真的足够结实吗？""这层玻璃能承受人体的重量吗？""这层玻璃是钢化玻璃吗？"心理学家笑着说："你们知道自己为什么不敢过桥吗？其实，这座桥根本没有任何危险，你们只是惧怕桥下的毒蛇。如果你们能够正视现实，毒蛇也就不足为惧了。"

在这个心理学实验中，桥下的毒蛇恰恰如同人们心中的恐惧，随时随地都吐着血红的芯子准备吞噬猎物。实际上，我们之所以对现实感到害怕，正是因为心中的这些毒蛇。倘若我们能够战胜内心的恐惧，面对现实，那么现实的困难就会变成纸老虎。既然我们无论以怎样的心态面对都无法改变结果，我们还有什么理由害怕和逃避呢！

所谓"既来之，则安之"，人生也是如此。一切出现在我们生命中的人和事，都有其必然的原因，我们理应坦然接受。每个人都渴望着成功，然而成功的道路总是布满荆棘，遍布泥泞。如果我们一味地盯着这些困难和障碍，那么通往成功的路就会变得更加艰难。与此相反，如果我们在追求成功的过程中一直奔向既定的目标，就会忽略那些艰难险阻，从而也让自己心无旁骛，更快地到达成功的彼岸。

▶ 心理小贴士

从心理学的角度来说，每个人的心底都有恐惧。人和人之间唯一的不同点在于，弱者屈服于恐惧，强者凭借实力和百折不挠的精神，勇敢地践踏恐惧。任何时候，我们都要勇敢地战胜心底的怯懦，否则一旦成为怯懦的奴隶，我们就会时时刻刻受到羁绊，在人生的大风大浪中随波逐流。就像孙悟空去向龙王借"定海神针"一样，在波澜壮阔的大海上，我们唯有内心安定，才能更加从容地欣赏瑰丽的人生景色。

找到你内心恐惧的根源

几乎每个人都曾经体验过恐惧的滋味，也曾遭遇过恐惧的压迫。为了帮助人们解开恐惧之谜，曾经有心理学家对于人们的恐惧心理展开调查。结果显示，有一部分人的恐惧，其实是因为曾经受到的伤害；还有一部分人的恐惧，是源于害怕面对某事。不管是因何而起的恐惧，都深深地影响着我们的生活，让我们无法自拔。

既然恐惧的病根在我们的内心深处，那么消除恐惧唯一的办法，就是治疗我们的心病。和焦虑相比，恐惧的程度更加强烈。恐惧往往使人们瞬间脸色苍白，也使人们不知不觉间就浑身颤抖，由此可见，和症状较不明显的焦虑相比，恐惧对人的影响更大，也更加来势汹汹。

倩倩特别怕水，这次的蜜月之旅选择去马尔代夫，实在不是明智之举。其实，海涛的本意是想帮助倩倩克服对水的恐惧，因为他知道倩倩怕水，却不知道倩倩为什么怕水。

在海涛的坚持下，倩倩与他一起来到海滩。海滩上人很少，海涛牵着倩倩的手，与她一起走在海滩上。随着海浪一浪一浪地扑过来，倩倩的手心沁出来了细密的汗。海涛笑着说："你看看，你老公的名字就叫海涛，你居然这么怕水。明天我带你去游泳吧，其实没什么可怕的。我是业余游泳比赛的冠军，一定能保护你的安全。"倩倩吓得连连摆手，说："我就在岸边晒着太阳等你吧。"海涛狡黠地笑了，暗下决心一定要把倩倩怕水的毛病治好。当天晚上，他们入住的套房里为他们准备了玫瑰花浴。在柔和的灯光下，倩倩与海涛一起享受洗浴的快乐。这时，海涛突然端起事先准备好的一盆温水，对着倩倩迎头浇下。倩倩一声尖叫，脸色惨白，甚至因为惊慌而逃出浴缸，结果摔倒在地。海涛被吓坏了，他没想到自己的恶作剧会有如此严重的后果，赶紧检查倩倩的伤势。还好，倩倩只是轻微扭了脚。海涛追悔莫及，赶紧向倩倩赔不是，倩倩含泪着说："我以为我要死了。"等到恢复平静，倩倩才向海涛讲述了她怕水的原因。原来，倩倩小时候经历过一次洪灾，当时她被水流冲走了，在水里沉沉浮浮，好几次差点儿淹死，后来幸好被解放军的冲锋艇发现，才获救了。

听到倩倩的经历，海涛恍然大悟："你怎么不早点儿告诉我，你居然经历过这样的苦难。"倩倩苦笑着说："我想要把这件事永远埋在心底，再也不去回首。那次，我失去了家人，变成了孤儿。从此之后，我连洗脸都不会用很多水，我怕水。"海涛温柔地搂着倩倩说："放心吧，有我在，以后我就是你的保护神。以后，我不会再强迫你接近水了。"

在这个事例中，倩倩对于水深入骨髓的恐惧，就是因为幼年时期遭遇的洪灾。洪水不但给她带来了肉体的痛苦，也给她带来了精神上的严重创伤。失去双亲，这是比肉体的痛苦更加难以磨灭的伤害。在得知倩倩怕水的缘由后，海涛也一定不会再强迫倩倩接近水了。其实，海涛的思路是没有错的，因为恐惧并不会因为逃避就消失。只有直面恐惧，才能最终冲破心中的桎梏。如果能够事先了解倩倩怕水的原因，再把握好合适的度，循序渐进地让倩倩接受水，则一切就不会这么让人猝不及防了。

恐惧虽然是一种心理体验，但是因其非常强烈，所以也会引起人们身体上的变化。曾经有个在冷库工作的工人，因为工友的疏忽而被锁在冷库里，一夜之后，工友们发现他时，他已经被冻死了。然而，让人们惊讶的是，当天晚上冷库已经断电

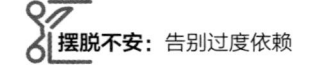

了，所以其实并没有制冷。那么，这个工人死时的情状为什么完全符合冻死的特征呢？实际上是极度的恐惧导致他的身体发生了相应的变化。由此可见，恐惧的力量有多么强大。

▶ 心理小贴士

了解恐惧发生的原因之后，我们就能够从根本上消除恐惧了。过度的、不合理的恐惧是一种心理障碍，如果通过自身的力量不能成功战胜或者消除恐惧，我们还可以借助于现在先进的医学手段，让恐惧烟消云散。需要注意的是，一味地躲避并不能消除恐惧，唯有坚强勇敢地面对恐惧，挑战自我，才能真正战胜恐惧。

战胜自我，才能彻底摆脱不安

在日常生活和工作中，如果一个人活得过于小心，就很难找到人生的出路。就像契诃夫笔下的"套中人"一样，胆小慎微、满心恐惧的人，总是时刻把自己装在一个"套子"里，根本不敢坦然面对自己的人生，更别说接受和拥抱这个瞬息万变、充满刺激的世界了。

细心的人会发现，在生活中的很多时候，即使面对同样的困境，不同的人也往往有不同的命运。这是为什么呢？究

第十章 你为什么总是焦虑不安：没有勇气？缺乏信心？

其原因，无非是因为人的脾气秉性和对待生命的态度截然不同。例如，原本还很乐观的境况，在悲观的人心里，也许就是绝境。即使是很悲观的境况，投射到乐观的人心里，也许就充满生机。因此，禁锢我们的并非客观的存在，而在很大程度上是我们的内心。每个人唯有突破自我的束缚，才能真正自由地飞翔。

马丁和杰克结伴穿越撒哈拉沙漠，因为带的水喝完了，再加上太阳灼热，杰克中暑了，不能继续往前走。马丁当仁不让，主动提出要去找水，还要寻求救援。为了找到水之后能及时找到杰克，马丁特意留下了随身携带的手枪，并且告诉杰克："你每隔两小时就对空鸣枪，这样我才能确定你的方位。记住，这里有六颗子弹，不要浪费。"说完，马丁就出发了。

杰克昏头涨脑地躺在马丁为他搭建的临时避难所里，难熬的时间，让他内心充满焦虑和恐惧，生怕自己最终会变成沙漠里的木乃伊。他已经打了五颗子弹，现在枪里只剩下一颗子弹了。他很担心，不知道是应该继续对空鸣枪，还是把这颗子弹留给自己结束生命。他甚至因为极度恐惧，觉得马丁肯定不会回来了，也不可能找到水。眼看着夜深了，如果遇到狼群的袭击怎么办？奄奄一息的杰克心乱如麻，最终，他选择了结束自己的生命。没过多久，马丁带着一整罐清水回来了，他迫不及待地想要告诉马丁他找到了驼队，却看到了杰克的尸体。

在这个事例中，杰克死于自己的心魔。他缺乏不到最后一刻不放弃的勇气，最终居然主动结束了生命。实际上，只要我们心中怀着坚定不移的信念，奇迹就有可能发生。遗憾的是，杰克最终没有战胜自己的心魔。

在生命中，几乎每个人都曾感受过恐惧的吞噬。然而，强者翻山越岭，最终成功登顶，弱者却只会暗自叹息，犹豫不定，最终被囚禁在心中的樊笼中，再也难以获得自由。

▶ 心理小贴士

面对畏惧，你是选择勇往直前，还是选择畏缩不前？勇往直前，你的人生会更加开阔；畏缩不前，你只会被囚禁在自己的心里，人生再无希望可言。胆怯就像是一副枷锁，沉重地套在我们的心上，不但让我们的心无法自由地飞翔，也让我们的行动受到极大的限制。唯有勇敢地相信自己，我们才可能拥有美好的人生。

真正的智者，善于忘却

在人类历史上，我们需要铭记很多东西，诸如中华民族曾经遭遇的创伤、屈辱和苦难。人也是如此，在不断成长和遭受磨难的过程中，我们总要记住很多东西，这样才能更好地总结

第十章 你为什么总是焦虑不安：没有勇气？缺乏信心？

过去，面对未来。然而，凡事皆有度，如果把所有的经历都记住，也是不行的。归根结底，我们还要学会忘却。这就像是爬山，你如果总是不停地捡起那些嶙峋怪石背在身上，那么不管你多么有力量，也终会觉得气喘吁吁。人生恰如登山，真正聪明的人不会背上所有的石头前行，而是会适当地舍弃。总之，人的欲望是无限的，人的力量却是有限的，我们只有学会取舍，才能用有限的力量做最大的努力。因此，智者会选择性地遗忘那些曾经的苦难。唯有如此，他们才能不被悲伤压垮，才能继续一往无前地进发。

很多人的心里都藏着深深的恐惧，或者是源于过去的悲惨经历，或者是对未来的害怕……不管何种原因，这些恐惧都会成为人生的负累，导致人生无法轻装上阵。实际上，事情一旦发生就无法更改，我们唯一能做的就是尽力弥补，或者鼓起勇气从头再来。在强者的人生字典里，这些坎坷和挫折就像是加油站，帮助他们总结经验和教训，使他们更加明智。对于弱者而言，这些苦难则像是无法逾越的障碍，永远横亘在他们的心里。殊不知，当你一味地沉浸在悲伤中无法自拔，你只会错失更多的机会。也因为人生负重前行，未来会充满更多的坎坷和挫折。既然如此，为何不让自己轻松一些呢！只需要适当地忘却，你就可以做到轻松前行。

自从在地震中经历了失去亲人也险些失去生命的痛苦，艾琳就一直生活在极度的恐惧中。虽然政府给她找了一个很好的家庭，养父母也都非常疼爱她，但是她却始终心有余悸，经常半夜从睡梦中哭着醒来。为了帮助艾琳走出痛苦的阴影，养父母想了很多办法，都没有什么效果。就这样，艾琳战战兢兢地读完大学，开始工作，但她总是愁眉苦脸，眼睛里藏着无限的心事。

毕业几年之后，艾琳恋爱了。她的男友是一个非常阳光的大男孩，每当看到艾琳愁眉不展、满腹忧愁的样子，他总是很心疼。和养父母一样，男友也想帮助艾琳走出地震的阴影。毕竟，地震已经过去十几年了，也该淡忘了。一个周末，男友带着艾琳去爬山。这是一座非常陡峭的山峰，很多时候需要手脚并用。艾琳爬到半山腰抬头看向山顶，不由得瑟瑟发抖地说："我可不想自己九死一生的这条命，今天丢在这里呀！"男友鼓励艾琳："这座山看起来陡峭，实际上爬起来并没有那么陡。你只要眼睛盯着脚下，一鼓作气地往上爬，很快就会到达山顶的。"艾琳依然很犹豫，男友继续鼓励她："放心吧，你在前面，我在后面，我就是你的垫脚石。"看着男友坚定不移的眼神，艾琳只好硬着头皮继续往上爬。一个多小时后，艾琳果然气喘吁吁地爬到了山顶。看着她如释重负的微笑，男友趁机说道："亲爱的，我觉得有些事情你该学会遗忘。就像爬山，如果你背着沉重的负担，就很难顺利登顶。而遗忘，则会让你在人生的道路上更加轻松。遗忘，不是背叛亲人，而是为了亲人而更好地活着。我想这也是他们的愿望，你说呢？"艾琳迎着山风站立，任由风吹乱她的头发。她陷入沉思之中：是呀，逝者已矣，生者如斯。如果爸妈还在，一定不愿意看到历经辛苦才长大的她这么不快乐！从此以后，艾琳就像是变了一个人，她再也不是那个地震的受害者，而是一个努力想为自己、为爸爸妈妈、为养父养母活出精彩的幸福女孩！

在这个事例中，艾琳因为遭遇了大地震，又在地震中失去亲生父母，因此身体和心理遭受了双重创伤，始终沉浸在悲痛之中难以自拔。幸好，她遇到了积极乐观的男友，意识到一切事情终将过去，自己也应该为了所有的亲人而更加努力地好好活下去。所以，艾琳变得积极乐观，不再郁郁寡欢。想必在未来的人生之路上，她也能够轻装上阵，勇往直前，从而生活得幸福快乐。

如果人们不学会忘却，最终就会被沉甸甸的记忆压得喘不过气来。人生恰如一场旅行，如果背负着过多的行囊，必然影响行进的速度。只有轻装上阵，才能提高效率，步履轻盈。

▶ 心理小贴士

没有一个人不曾遭遇过苦难，只不过每个人的苦难各不相同罢了。从某种意义上说，苦难是我们人生的必修课，只有从苦难中积累经验，提升自己，才能让我们未来的人生之路更加顺遂。需要注意的是，苦难应该成为人生的养分，而不是人生的累赘。在很多情况下，我们只要调整好情绪，积极乐观地面

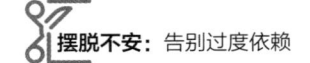

对苦难，就能化悲痛为力量，让生命汲取苦难的营养，开出绚烂之花。

勇敢向前，才能将困难踩在脚下

没有任何人的人生会是一帆风顺的，当遭遇困境时，我们唯有勇敢地向前奔跑，才能成功突破人生的藩篱，让自己在更为广阔的天地中自由奔跑。遗憾的是，总有些人过于怯懦，他们不管遇到多么小的困难，都会为之裹足不前。难道战胜困难真的那么难吗？其实，禁锢你的是你的心，而不是那些不值得一提的困难。

内心软弱的人很难获得成功，只有坚强，才能让人们不管身处困境还是逆境，都不忘初心地勇往直前。坚强，不仅仅是一种源自内心的坚持，更是一种柔韧的品质。坚强的人，总是能够战胜心底的恐惧，不管面对多么大的困难，都坚持不放弃。生命中的很多机遇，都是伴随着危机和困难接踵而至的。因此，当你面对困难知难而退时，你也就放弃了成功的机会。这就像是小马过河，在不知道河水多深的情况下，只能靠着自己一步一步地摸索。人生，也是如此。每个人的人生都是不可复制的。我们可以向先辈们请教经验，但是不能照搬和套用先辈们的经验。时代在向前，万事万物都处于瞬息万变之中，我

第十章 你为什么总是焦虑不安：没有勇气？缺乏信心？

们只有根据自身的情况，顺应时势作出最恰到好处的选择，才能更加接近成功。

如今，看到充满自信的亨利，你一定很难想象他曾经是一个自卑怯懦的人。当你看到亨利作为资深律师在法庭上慷慨陈词时，你更无法想象他曾经患有严重的口吃。

亨利出生在一个贫穷的家庭，他的父亲是个裁缝，靠着给富人做衣服才能勉强维持生计。他的母亲是个洗衣工，给有钱人家洗衣服，做些缝缝补补的活计。每到寒冷的冬天，亨利为了帮助家里节约开支，不得不挎着一个破破烂烂的篮子，四处寻找散落的煤块。对此，亨利感到很难为情，因为他最害怕的就是被同学们看到，遭到同学们的嘲笑。

有一天，正当亨利专心致志地找零散的煤块时，成群结队的同学看到了他，好几个同学无情地嘲笑他。亨利觉得难堪极了，惊慌之中丢掉了破篮子，一个人不顾一切、泪流满面地跑回了家。从此以后，他更加自卑、沉默，而且他的生活也变得像煤块一样。

一个偶然的机会，亨利读到了一本关于奋斗的书。书中的主人公虽然历经艰辛，备受生活的折磨，但是从未放弃对生活的希望，直到坚强地经历完人生的所有不幸。亨利对主人公的遭遇感同身受，甚至联想到了自己。他暗暗想道：假如我也能够这样坚强勇敢，人生一定也会变得与众不同。为此，亨利暗暗发誓一定要昂首挺胸，不再畏缩。在又一次提着篮子去给

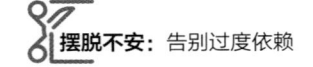

家里捡煤块时，亨利又遇到了那些嘲笑他的同学。这次，他没有仓皇而逃，而是迎着他们勇敢地走上去。就这样，亨利成功了，他打败了那些同学，也找回了自己的尊严。从此以后，亨利奋发苦读，一鼓作气，在战胜内心恐惧的同时，也彻底改变了自己命运的轨迹。

亨利是个穷苦人家的孩子，这样的孩子因为从小就遭到他人的嘲笑、挖苦和讽刺，因而总是有些胆小怯懦，甚至非常自卑。幸好，他读到了一本能够启迪他心智的书，因此才能够破釜沉舟，为了自己的命运奋力一搏。最终，他战胜了内心的恐惧，也赢得了成功的人生。

很多人喜欢看奇幻电影，因为其中的主人公好像拥有无穷无尽的力量，总是能够与邪恶势力奋战到最后一刻。从这些千篇一律的结局中，我们不难领悟出一个真理，即成功永远属于永不放弃、勇往直前的人。因此，我们也要改掉犹豫不决的毛病，不管面对的是危机还是机遇，我们都要毫不犹豫地冲上前去。很多事情不尝试怎么知道结局呢？如果不踏踏实实地去做，我们就永远毫无收获。宁可当一个常犯错误的行动派，也不要当一个只说不做的空想家。

▶ 心理小贴士

怯懦的人总觉得命运是残酷的，敌人是强大的。因此，他们总是心怀畏惧，从不敢马上展开行动，也因为思虑过多而变

第十章 你为什么总是焦虑不安：没有勇气？缺乏信心？

得瞻前顾后，失去了当即行动的果敢和勇气。在这个世界上，有的人意志坚强如同钢铁，有的人意志薄弱甘做懦夫。在任何时候，等待不会让我们获得柳暗花明，只有马上行动才能帮助我们争取更多的生机。从现在开始，行动起来吧！

畏首畏尾，你只会一事无成

在遭遇人生的困境或者磨难时，有些人选择勇敢直面，无论遇到多大的困难，都勇往直前。他们不能停下来，因为停下来就意味着失败。与他们恰恰相反，面对恐惧，有些人选择裹足不前，有些人选择一味地逃避，有些人则选择退缩。在很多情况下，困难虽是障碍，但一旦逾越，就能帮助我们拔高人生的高度，让我们的人生超越现状，取得质的飞跃。然而，令人遗憾的是，很多人无法坦然接受这样的挑战，他们总是因为未知的未来而胆战心惊，恨不得一切都在自己的把握之中才能心安。也由于患得患失的心态，他们变得谨小慎微，根本不知道如何前进。这样的人生，必然因为犹豫不决而错失更多的机会，人生也会变得糟糕。

麦当劳兄弟的快餐厅生意异常火爆，他们向专门为美国芝加哥地区供应搅拌机和一次性纸杯的推销商——克罗克订购了大量的纸杯，还一次性地购买了八台搅拌机。要知道，这在当

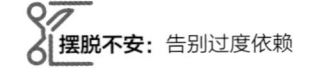

时可是一笔大生意，因而克罗克特意观察了麦当劳兄弟餐厅的生意，发现他们果真顾客盈门，生意火爆……思来想去，克罗克产生了一个疯狂的想法：面对如此千载难逢的好机会，他决定以出让自己公司一半股份的方式加盟麦当劳兄弟餐厅，而且还承诺把餐厅5%的营业额回报给麦当劳兄弟。得知克罗克这个想法，他的家人都觉得太疯狂了，毕竟麦当劳兄弟未来经营的状况是不可预估的。然而，克罗克心意已决，他知道一旦获得成功，自己的人生便将飞跃巅峰。

因此，他义无反顾地与麦当劳兄弟谈合作的相关事宜，并且很快与他们成功签约。就这样，麦当劳的餐饮招牌成功树立了，很快成为餐饮界的主力军。麦当劳餐饮在克罗克的带领下，从最初的几家小店，发展成为有200多家分店的颇具规模的餐饮连锁企业。就这样，作为麦当劳第二代掌门人，克罗克成了当时世界上首屈一指的大富翁。

没有人知道何时是人生的关键时刻。我们唯一能做的，就是把握好眼前转瞬即逝的机会，毫不犹豫地抓住它，而不要眼睁睁地看着它从我们的眼前溜走。试想一下，克罗克在面对巨大的商机时，如果瞻前顾后，最终选择放弃加盟麦当劳公司，那么他后来的人生一定不会如此。的确就是这样，很多时候改变我们人生轨迹的甚至不是那些重大的事件，而只是某个不起眼的时刻。在这种情况下，我们唯有抓住每一个机会，才能最大限度地改变命运。

第十章 你为什么总是焦虑不安：没有勇气？缺乏信心？

一个成功的人，往往具备果敢决断的品质。细心的人会发现，大多数优柔寡断、瞻前顾后的人，不仅很难抓住千载难逢的好机会，而且还会因为延误而错失时机。我们需要知道，危机既代表着不可预知的未来，也代表着巨大的成功。每一个能够战胜危机、抓住机遇的人，都能够成就属于自己的人生。很多人不相信人生有奇迹，这样的人永远也不可能创造人生的奇迹，因为他们不信。而只有心里揣着奇迹的人，才可能真的拥有人生的奇迹，因为奇迹就在他们的心中。

心理小贴士

现代社会，已经不适合明哲保身的人生信条。如今，在瞬息万变的信息时代，很多机遇就隐藏在纷繁芜杂的信息之中。有些人不管遇到什么事情，都一副事不关己，高高挂起的样子，殊不知，机遇随时都有可能到来。如果你没有做好准备，机遇又怎么会青睐于你呢！聪明的人知道，与其把时间用于抱怨，不如多多尝试。获得成功的唯一途径，就是勇往直前，全力以赴。

参考文献

[1] 冯晓悦. 在不安的生活里，给自己安全感[M]. 北京：中国纺织出版社，2019.

[2] 加藤谛三. 摆脱不安：告别过度依赖[M]. 井思瑶，译. 北京：北京联合出版公司，2020.

[3] 何成洁. 焦虑心理学[M]. 北京：北京时代华文书局，2018.

[4] 袁超，刘晓娟，袁月，等. 幸福的阶梯[M]. 青岛：中国海洋大学出版社，2016.